U0337690

辽宁工程技术大学学科创新团队资助项目(LNTU20TD-01,LNTU20TD-07)资助
辽宁省教育厅高等学校基本科研项目(LJ2017FAL015)资助

露天煤矿数字化开采模型构建及应用

赵景昌　著

中国矿业大学出版社
·徐州·

内 容 提 要

本书从露天煤矿数字化开采广义地质体对象三维空间数据模型选择及地质数据库设计入手,系统阐述了离散地质数据插值、地层层面 DEM 模型构建、块体模型构建等露天煤矿数字化开采模型构建方法及 TIN 拓扑重构、等值线生成、空间三角网求交、DEM 精确裁剪与局部更新、剥采工程量计算等数字化开采模型应用技术。书中还详细介绍了作者自主研发的露天煤矿数字化开采设计软件系统及其在露天煤矿数字化开采设计实践中的具体应用。

本书可供从事数字化露天矿、智慧矿山等领域的科研工作人员参考。

图书在版编目(CIP)数据

露天煤矿数字化开采模型构建及应用 / 赵景昌著
. —徐州:中国矿业大学出版社,2021.5
ISBN 978 - 7 - 5646 - 5033 - 9

Ⅰ. ①露… Ⅱ. ①赵… Ⅲ. ①煤矿开采—露天开采—数据模型 Ⅳ. ①TD824

中国版本图书馆 CIP 数据核字(2021)第 098295 号

书　　名	露天煤矿数字化开采模型构建及应用
著　　者	赵景昌
责任编辑	杨　洋
出版发行	中国矿业大学出版社有限责任公司
	(江苏省徐州市解放南路　邮编 221008)
营销热线	(0516)83884103　83885105
出版服务	(0516)83995789　83884920
网　　址	http://www.cumtp.com　**E-mail**:cumtpvip@cumtp.com
印　　刷	江苏凤凰数码印务有限公司
开　　本	787 mm×1092 mm　1/16　**印张** 7.25　**字数** 180 千字
版次印次	2021 年 5 月第 1 版　2021 年 5 月第 1 次印刷
定　　价	42.00 元

(图书出现印装质量问题,本社负责调换)

前　言

数字化开采模型构建与应用技术是数字化露天煤矿技术体系中的核心内容，是露天煤矿实现地质数据高效集成、可视化管理和数字化开采设计的基础，对提高资源回收率，提升工程设计、管理与决策水准，实现资源开采效益最大化等具有重要意义。

本书从露天煤矿数字化开采广义地质体对象三维空间数据模型选择及地质数据库设计入手，系统阐述了离散地质数据插值、地层层面DEM模型构建、块体模型构建等露天煤矿数字化开采模型构建方法及TIN拓扑重构、等值线生成、空间三角网求交、DEM精确裁剪与局部更新、剥采工程量计算等数字化开采模型应用技术。书中还详细介绍了笔者自主研发的露天煤矿数字化开采设计软件系统及其在露天煤矿数字化开采设计实践中的具体应用。

本书可供从事数字化露天矿、智慧矿山等领域的科研工作人员参考。限于水平，书中不当和错误之处请广大读者批评指正。

著　者

2020年10月

目　　录

1 绪 论

煤炭是我国的主体能源,在一次能源结构中占比超过 50%。在未来较长一段时间内,煤炭作为主体能源的地位不会改变。进入 21 世纪,信息技术飞速发展,给以矿产资源为生产对象的采矿产业带来了巨大冲击,信息化改造势在必行,数字矿山（digital mine,简称 DM）概念应运而生[1]。

数字矿山是对真实矿山整体及其相关现象的统一认识与数字化再现[2-3],其核心是在统一的时间坐标与空间框架下,对海量、异质、异构、多维、动态的矿山信息进行科学有序的组织、管理与维护,并进行真三维可视化表达,"建立矿山信息的分布式共享与协同、利用机制,形成多种高效、灵活、便捷的数字方法与模拟工具,深入挖掘和充分发挥矿山数据的潜能和作用,并将其贯穿于矿山规划、生产、经营与管理的全过程,为科学决策与现代化管理提供保障"[4]。

煤炭露天开采具有安全、高效、资源回收率高等特点,近年来在我国煤炭总产量中的占比迅速提高[5]。数字露天煤矿作为数字矿山的一个重要分支,是典型的多维、动态、复杂系统,其总体架构由生产决策支持系统、生产调度监控系统、管理信息系统与综合应用系统组成。其中生产决策支持系统旨在实现对地质、测量、采矿以及边坡安全等在内的计算机决策提供支持,其发展方向是将露天矿山中与空间位置直接相关的相对固定信息（如地形地貌、矿体形态、地质构造、开采位置等）数字化,以全面、详尽地刻画矿山地质体,并在三维虚拟环境中进行数字化开采设计与生产决策[6]。

采矿生产是露天煤矿的工作核心,因此,在数字露天煤矿总体架构中生产决策支持系统处于核心地位。如何构建能够详尽刻画地质体的三维数字化模型和虚拟再现矿山地质环境,并应用其进行数字化开采设计与辅助生产决策,实现对露天煤矿广义地质体"多角度、多视点、全方位动态观察与分析"[6],是生产决策支持系统的关键和核心。

本书从露天煤矿数字化开采广义地质体三维空间数据模型选择及地质数据库设计入手,系统阐述了离散地质数据插值、地层层面 DEM 模型构建、块体模型构建等露天煤矿数字化开采模型构建方法及 TIN 拓扑重构、等值线生成、空间三角网求交、DEM 精确裁剪与局部更新、剥采工程量计算等数字化开采模型应用技术。

书中介绍的露天煤矿数字化开采模型构建及应用算法是笔者多年来从事露天煤矿数字化开采模型构建及应用软件开发工作的成果。书中内容对丰富和完善露天煤矿数字化开采技术体系、实现精细化开采、提高生产决策科学性、推动露天煤矿数字化进程等具有重大的理论与实际意义。

2 露天煤矿三维空间数据模型

三维空间数据模型用以研究三维空间对象的数据组织、操作方法、操作规则以及约束条件等内容[7]。由于客观世界的复杂性和不同专业领域的特殊性,因此很难得到一种普遍适用的三维空间数据模型,需要根据不同专业领域建模对象的特点以及应用需求,研究具有较强针对性的三维空间数据模型。露天煤矿是一个真三维、动态的地理/地质环境体系,包括各种自然地质对象以及人工地质勘探工程与采矿工程对象,这些对象又表现为各种规则和不规则的、均质和非均质的空间对象,结合这些空间对象的特点与露天煤矿数字化开采设计的具体应用需求,通过对各种三维空间数据模型的特点进行分析,选择适用于描述露天煤矿空间地质对象的三维空间数据模型,是三维矿床地质模型建立、矿山地质环境分析评价与数字化开采设计的前提和基础。

2.1 三维空间数据模型

2.1.1 三维空间数据模型及其特点

国内外学者在三维 GIS 理论研究与产品开发过程中,针对各专业领域空间建模对象的特点设计了多种三维空间数据模型。三维空间数据模型最基本的两个特性是几何特征与数据描述格式。根据几何特征可以将三维空间数据模型分为面元模型、体元模型和混合模型;根据数据描述格式可分为矢量结构模型、栅格结构模型和矢量栅格混合结构模型[8]。

表 2-1 列出了较为常用的三维空间数据模型[9]。

按几何特征分类的各种三维空间数据模型叙述如下。

2.1.1.1 面元模型[9]

面元模型主要用于描述三维空间对象的表面形态,如地形表面、地层层面等。典型的面元模型有:2D 规则格网模型、不规则三角网模型、边界表示模型、线框模型、断面模型、多层 DEM 模型等。

(1) 2D 规则格网模型

2D 规则格网模型是一种最为常见的用于描述三维空间对象表面的面元模型,建模时首先将建模对象表面投影到二维平面上,并将投影后的表面划分为一系列大小相等的规则格网(图 2-1),然后选用适当的插值算法,基于建模对象表面离散采样点的属性值插值计算各格网点的属性值。

表 2-1　常用的三维空间数据模型

	面元模型	体元模型		混合模型
		规则体元	不规则体元	
矢量	不规则三角网模型(TIN),边界表示模型(B-Rep),线框模型,断面模型,TIN 形式多层 DEM 模型	构造实体几何(CSG)	四面体格网(TEN),三棱柱(TP),地质细胞,不规则块体,实体,3D-voronoi 图,金字塔	TIN+CSG
栅格	规则格网,格网形式多层 DEM 模型	体素,八叉树,规则块		
矢量栅格集成	格网-三角网模型	针体		线框+块模型 CSG+八叉树模型 TEN+八叉树模型 TIN+八叉树模型

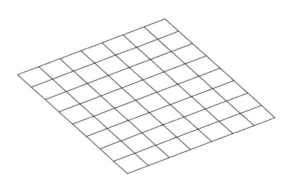

图 2-1　2D 规则格网模型

　　二维平面上的格网点呈规则排列的特点使格网具有隐含定位特征,因此在记录格网点属性值时可以不记录格网点的坐标,从而大幅降低了格网的数据存储规模。2D 规则格网模型实际上是对建模对象表面进行了规则的离散化处理,从理论上讲,当格网足够小、数据量达到一定规模时,用 2D 规则格网模型可以拟合连续表面,但不能模拟多值表面(容易使格网点属性值出现二义性),而且模拟垂直表面时会存在建模精度问题。尽管如此,2D 规则格网模型由于结构简单且直观,在构建数字表面模型、数字地面模型以及生成等值线图等方面得到了广泛应用。

　　(2)不规则三角网模型

　　不规则三角网模型根据某种特定规则(如 delaunay 三角剖分规则)对建模对象表面

离散采样点进行三角剖分,从而构建一种连续的空间上互不重叠的不规则三角网来描述建模对象表面的空间几何形态(图 2-2)。TIN 模型较好地保持了测量数据的原始性,当 TIN 中每个三角片的顶点赋以特定属性值时,可构建 2.5D 的表面模型,但其拓扑关系较格网模型复杂。

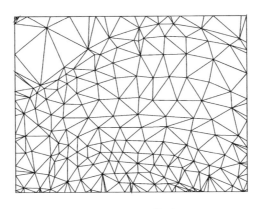

图 2-2　TIN 模型

TIN 模型被广泛应用于数字高程模型、地质层面模型以及三维物体表面模型等的建立。

(3) 边界表示模型

边界表示模型(B-Rep)采用分级的数据结构来描述建模对象。建模对象的空间位置和形状主要用点、边、面和体四种基本几何元素描述。

图 2-3 为一个长方体的边界表示模型数据结构。

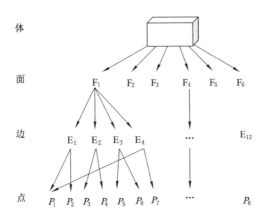

图 2-3　长方体的边界表示模型数据结构示意图

(4) 线框模型

线框模型是将建模对象表面特征点或采样点用直线连接成一系列相邻多边形,然后将这些多边形拼接成多边形网格来描述三维空间对象(图 2-4)。线框模型一般用点、线段、圆、圆环、弧等一些基本的图元来表示。

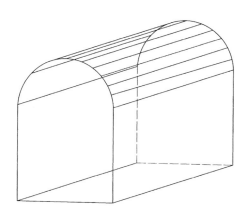

图 2-4　线框模型示意图

对于由平面构成的建模对象来说,由于其轮廓线与棱线是一致的,此时线框模型能够比较准确、清晰地反映对象的真实几何形状,但是如果建模对象是曲面体,则仅通过表示物体的棱边对建模对象进行描述就不够精确,例如在描述圆柱体状的空间对象时,就必须在线框模型中添加母线。此外,基于线框模型构造的三维实体模型,由于只有离散边,缺少对边与边之间空间关系的描述,导致空间信息表达不够完整而出现对物体形状判断的多义性,从而计算物体的几何特性和物理特性参数较为困难。

（5）断面模型[10]

为了描述矿床和地质构造的空间形态,传统的地质绘图方法是用剖面切割矿床,从而获得矿床和构造在二维剖面图上的分布。断面模型就是利用这些二维剖面图,采用计算机构建空间地质对象三维模型(图 2-5)。

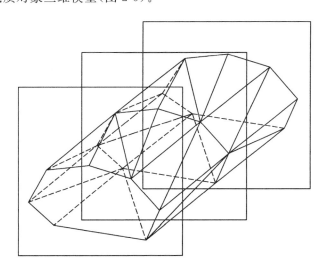

图 2-5　断面-三角网模型示意图

由于断面模型很难从整体上描述矿床或地质构造及其内部结构,因此在建模过程中通常将断面模型与三角网模型结合起来构成断面-三角网模型使用,即用三角片连接相邻地质剖面上具有相同地质含义的地质界线,从而形成具有具体地质属性含义的三维曲面。断面-三角网模型在描述地质构造分界面的形态和分布时具有较明显的优势,但是对三维地质体内部结构的表达较困难。

(6) 多层 DEM 模型[11]

多层 DEM(DEMs)模型是沿空间 z 轴方向从上到下依次建立各地层分界面或矿体与围岩分界面 DEM 模型,然后将相邻分界面两两缝合形成的地层模型(图 2-6)。多层 DEM 模型建模过程清晰,对各地层分界面的表达较清楚,但仅适用于描述均质的地层和围岩,而不适用于非均质地质体对象的建模。

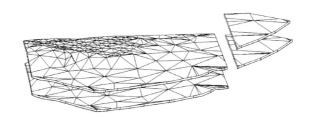

图 2-6　多层 DEM 模型

2.1.1.2　体元模型[12]

体元模型是指用一定形状的体元代替面片来剖分三维建模对象,可用来描述三维空间建模对象的边界形态和内部属性。根据基本体元中面的数量,可以将体元模型分为棱柱体模型、四面体模型、六面体模型及多面体模型;根据体元是否规则又可以分为规则体元模型和非规则体元模型。其中,规则体元模型常被用来描述连续的无固定形状的场物质对象,而非规则体元模型较适用于描述离散的空间对象。

(1) 构造实体几何模型

构造实体几何(constructive solid geometry,简称 CSG)模型在对立方体、球体、圆柱体等规则形状体元进行布尔运算(交、并、差等)和几何变换(缩放、平移、旋转等)的基础上构造三维空间对象(图 2-7)。

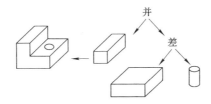

图 2-7　CSG 模型示意图

CSG 模型可以用一棵布尔树——CSG 树来表示。CSG 树中的根结点和中间结点用来存储布尔运算符,基本体元与相关参数则存储在叶子结点中。对于规则结构的三维空间对象,CSG 模型用较小数据量的基本体元即可表达,但是对复杂的、不规则的三维空间对象描述能力较弱,也不能描述基本体元之间的拓扑关系。

（2）三维栅格模型[13]

三维栅格模型通过将三维建模空间划分为一系列大小相等的规则体元三维阵列来描述建模对象（图2-8）。与二维栅格模型类似，三维栅格模型中的体元规则排列，其空间位置可以隐含表示，但是对空间建模对象描述精度较低（尤其在边界处）。当为了提高建模精度而降低体元粒度规格时，数据量较大，计算速度较慢。三维栅格模型一般不用于直接表示空间建模对象，通常将其作为三维空间对象处理过程中的中间表示模型。

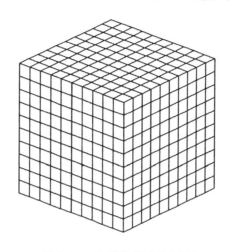

图2-8　三维栅格模型示意图

（3）针体模型[14]

采用行程编码技术对三维栅格模型中每个规则体元位置上的 z 值进行压缩，即可形成针体模型（图2-9）。所需存储空间小是针体模型的显著优点，但是其建模精度较低，通常被用于描述均质的层状三维空间对象，如层状矿床中的地层、煤层等。

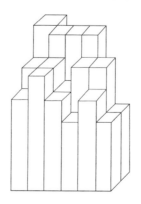

图2-9　针体模型示意图

（4）八叉树模型

八叉树模型是二维四叉树在三维上的扩展，本质上也属于三维栅格模型的一种压缩存储模型。

如图 2-10 所示,八叉树模型中的根节点对应于包含建模对象的立方体,对根节点立方体沿 x 轴、y 轴、z 轴三个方向逐层递归分割,根据与建模对象的关系,每次分割时得到的 8 个次级立方体的属性值分别赋为 0(次级立方体不在建模对象封闭表面轮廓内)、1(次级立方体位于建模对象封闭表面轮廓内)、2(次级立方体部分位于建模对象封闭表面轮廓内)。将属性值为 0 和 1 的次级立方体定义为叶子节点,将属性值为 2 的次级立方体定义为灰节点。对于属性值为 2 的次级立方体,需要按上述方法继续进行递归划分,直至属性为 0 或 1 为止。按编码方法不同,八叉树模型可以分为普通八叉树、线性八叉树[15-16]、三维行程八叉树[17]等,在三维数据结构中使用较多的是线性八叉树和三维行程八叉树[18]。八叉树模型具有结构简单、空间搜索效率高、数据存取和几何特征计算方便等优点,因此比较适合用于描述形状复杂的空间建模对象,但是当描述精度提高时数据量较大,几何变换效率较低。

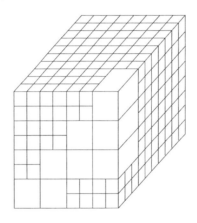

图 2-10　八叉树模型示意图

(5) 规则块体模型[19]

在建立规则块体模型时,首先将空间建模对象分割成规则立方体网格(即块段,每个块段视为一个均质体,如图 2-11 所示),然后根据地质勘探样品数据对每个块段品位、质量或其他属性值采用距离加权平均法、克里金法等进行估值。规则块体模型中每个块段的存储地址与其自然位置相对应,因此具有数据结构简单、数据存取效率高等特点,尤其是描述属性渐变的三维地质体时优势更明显,但是对建模对象的边界很难精确表达。

(6) 不规则块体模型[20-21]

不规则块体模型由任意不规则体元构成,可以根据建模对象空间形态的变化对模型进行调整,因此具有较高的建模精度,但是建模过程比较复杂,而且由于不规则体元的空间位置信息不能隐含表达,数据存储量较规则块体模型大。

(7) 四面体(TEN)模型[22]

四面体(TEN)模型以一系列邻接但互不重叠的不规则四面体为基本体元,每个体元中均不含建模点集中的点,空间实体间的拓扑关系可通过四面体体元的邻接关系来表达(图 2-12)。四面体模型的体元结构简单,拓扑关系描述能力较强,适合描述实体内部结

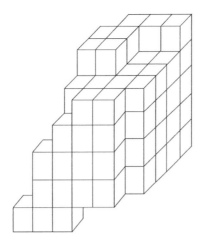

图 2-11　规则块体模型示意图

构,四面体内任意点的属性值可根据四个顶点的属性值采用插值法获得。四面体模型既可以描述三维空间的规则实体,也可以用于不规则矿体以及复杂地质体的建模,但是对三维面状及线状目标的描述能力较差,单纯的四面体模型不适用于建立层状模型。

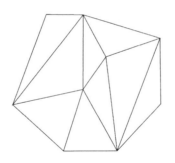

图 2-12　TEN 模型示意图

（8）三棱柱体模型[20]

三棱柱体模型是以三棱柱作为基本体元的三维空间数据模型。标准三棱柱是一种理想体元,难以直接用来描述复杂地质体对象。地质勘探钻孔在垂直方向上发生偏移,从而使三棱柱的侧面并非平面。此外,不规则地质分界面会使三棱柱体元的上、下表面不平行。鉴于上述原因,似三棱柱体元模型（QTPV）在地矿三维建模中较为常用（图 2-13）。

2.1.1.3　混合模型

复杂的地质现象使单一的面元模型或体元模型很难满足建模需求。近年来,很多学者将研究工作集中在多种数据模型的集成上。

（1）格网与三角网混合模型[22]

数字地形模型（DTM）常采用规则格网模型与不规则三角网模型（图 2-14）。格网 DTM 模型在数据结构和应用方面具有一定的优势,但是在基于原始采样数据进行内插运算时损失了原始数据的精度。TIN 模型是在原始采样数据基础上进行三角剖分,最大

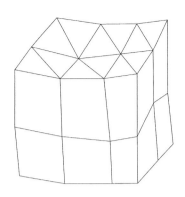

图 2-13 QTPV 模型示意图

限度地保持原始采样数据的精度,但是由于其数据结构比格网模型复杂,实际应用时不太方便。采用格网与三角网混合模型的目的是克服单一模型的不足,构成一种全局高效、局部完美的数字高程模型。

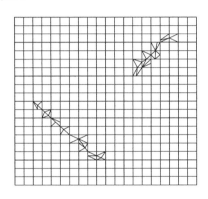

图 2-14 格网与三角网混合模型示意图

(2) TIN 与八叉树混合模型[22]

TIN 与八叉树混合模型充分发挥了不规则三角网模型所具有的较强的空间形态与实体拓扑关系表达能力,以及八叉树模型数据存储量小和空间分析能力强的特点。用 TIN 模型描述建模对象表面,用八叉树模型描述建模对象的属性与内部结构。该模型适合用于对矿山不规则地质体进行建模。

(3) TEN 与八叉树混合模型

TEN 与八叉树混合模型是采用八叉树模型对三维建模对象进行整体描述,局部采用 TEN 模型描述,TEN 与八叉树之间的联系根据八叉树结点属性值(0,1,2)建立。该模型综合了八叉树模型结构简单、操作方便的优点与 TEN 模型能够精确描述空间实体及拓扑关系的优点,适用于断层或结构面较少的地质体建模。

(4) 线框与块体混合模型

线框与块体混合模型以线框模型来描述建模对象外部轮廓,以块体来填充建模对象内部。为提高建模对象边界的描述精度,可对位于边界处的块体进行次级细分,但由于每一次开挖或地质边界变化都需要对模型进行一次更新修改,因此这种模型的使用效率较低。

2.1.2　三维空间数据模型分析

面元模型主要用于描述建模对象的表面,如果表面是封闭的或将非封闭表面进行缝合,也可以用来描述建模对象的空间形态。根据表面建模的目的,可以选择不同类型的面元模型。例如,地形表面建模可以采用 TIN 模型,描述地层的空间几何形态则可以采用多层 DEMs 模型等。面元模型的优点是便于模型显示和数据更新,其缺点是不能描述建模对象的内部属性。

体元模型的优势是能够对三维空间建模对象的边界与内部属性进行整体描述。体元模型在具体应用时应考虑建模对象空间形态描述与建模精度的要求:若侧重对建模对象内部属性描述,则可以采用规则格网单元模型;若要同时兼顾建模对象的边界约束与内部属性描述,则可采用非规则格网单元模型;对于规则几何体,且仅侧重空间形态描述时,可以采用 CSG 模型;对于不规则几何体,若同时需要描述其内部属性时,采用四面体 TEN 模型或似三棱柱体 QTPV 模型是较好的选择。其空间操作和分析方便,但是数据存储量大且计算速度较慢是体元模型的缺点。

在地质研究领域,为了实现对地质体边界面的空间形态和内部属性进行描述,通常采用面元与体元混合模型,以充分发挥面元模型与体元模型的优点。

在上述各种数据模型中,栅格数据结构和矢量数据结构是描述三维空间建模对象的两种数据结构形式,其中栅格数据结构的优点是数据结构简单,便于进行空间分析与计算,但由于数据量较大而导致处理速度慢。另外,当栅格粒度较大时,对建模对象边界的描述精度较低。矢量数据结构的特点是对建模对象空间几何形态的描述精度较高,所占用的存储空间小,且能够表示空间建模对象之间的拓扑关系,便于空间拓扑查询,但是由于空间拓扑关系复杂,增加了模型应用的难度。

由于不同类型的三维空间数据模型描述的侧重点不同,因此很难基于一个通用标准对其性能进行评判[16]。而且,专业领域不同,描述空间实体的方法存在较大差异,也很难设计出一种通用的三维空间数据模型,必须根据专业研究领域空间对象的分布特征与实际应用需求,进行三维空间数据模型的设计或选择。

面对三维空间对象和不同研究领域应用的多样性和复杂性,采用混合数据模型已成为一种趋势[21]。

2.2　露天煤矿地质对象及类型

2.2.1　露天煤矿地质对象

空间位置、空间属性、空间关系和时间特征是空间对象的共同特性,不同研究领域的空间对象又有其各自特点,这些特点决定了构建该领域空间对象模型时使用何种三维空间数据模型,同时决定了所建模型对后续具体应用的适用性。因此,研究露天煤矿空间地质对象及其环境特点,是选择或设计满足露天煤矿数字化开采需求的三维空间数据模型的基础。

露天煤矿地质体对象是在不同地质历史时期特定地质作用和环境下形成的,其共同特点是:

① 以各种空间几何形态赋存于地球岩石圈中;

② 具有特定的物理、力学性质;

③ 相互之间存在不同形式的空间关系;

④ 在地壳演化过程中,在内、外动力地质作用下,在不同地质历史时期表现出不同的特征。

露天煤矿中在自然地质作用下形成的空间地质体,如岩层、矿体、地质构造等,称为自然地质对象。

露天煤矿的生产活动是在特定的地质环境中进行的,为了安全、经济、高效地实现对有用矿物的开采,必须根据具体的矿产资源赋存特点与开采技术条件,建立由采掘、运输、排卸等生产环节构成的生产系统。整个生产系统是通过建立在不同空间位置的剥离、采矿、排弃工作面以及开拓运输道路系统实现的,由于这些工程全部具有人工参与形成的特点,为了与自然地质对象相区分,将其统称为人工工程对象。露天煤矿人工工程对象属于空间对象,也具有空间对象的四个基本特征:空间位置特征、空间属性特征、空间关系特征和时间特征。

综上所述,露天煤矿自然地质对象和人工工程对象均具有真三维特点,而且两者之间相互作用、密不可分,可将其统称为露天煤矿广义地质体或广义地质对象,由其所形成的空间称为露天煤矿广义地质空间,如图 2-15 所示。

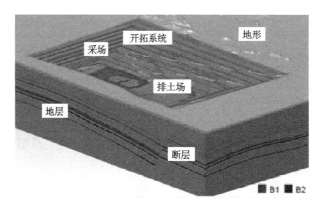

图 2-15　露天煤矿广义地质空间示意图

2.2.2　露天煤矿地质对象几何特征与空间维度

露天煤矿广义地质对象都是三维对象。为了对这些对象的各自特点和空间分布规律进行观测、研究、分析和描述,将这些对象从几何角度进行抽象、简化,或者用投影方式对其进行表示,引入了各种几何要素以便从不同方面对这些空间对象的特点进行描述。例如,为了描述滑坡监测点、地质勘探钻孔、爆破钻孔、台阶平盘高程碎部点等位置,引入点对象;为了描述钻孔的延伸方向、台阶坡顶与坡底线、断层与地层分界面在地表的出露位置等,引入线对象;台阶坡面、采场边帮、地质断层面、地层分界面、褶皱的倾斜情况(轴面)等则可以用面对象描述;涉及岩体、矿体的内部属性和特征时用体对象描述。因此,可以将露天煤矿广义地质空间对象根据几何特征复杂程度归结为点、线、面和体对象。

根据露天煤矿广义地质空间对象的空间维度,可将其分为零维、一维、二维和三维对象[22-23]。空间维对象与点、线、面、体等几何对象之间存在着一一对应关系。

(1)零维对象

零维对象即点对象。对于只需表示空间位置而大小和形状均可以忽略的空间对象,可用点对象表示,如煤质采样点、台阶平盘高程碎部点、地质勘探或爆破钻孔穿过岩层分界面或断层面时的交点等。零维对象不具有空间延展属性,仅需用二维坐标或三维坐标表示其空间位置属性。

(2)一维对象

一维对象即线对象。线对象不但具有空间形状,而且具有一个确定的空间延展方向,如台阶坡顶与坡底线、断层交线、钻孔轴线、地形等高线、煤层顶底板等高线、矿体界面交线、煤层尖灭线、运输道路轮廓线等。一维对象通常用多段线来表示。

(3)二维对象

二维对象即面对象。面对象具有两个延展方向,露天煤矿广义地质空间中的断层面、煤层顶板或底板面、台阶坡面、台阶平盘面等均为面对象。面对象通常用多边形表示。

(4)三维对象

三维对象即体对象。体对象具有三个延展方向,具有体积和表面积属性,如煤层体、地层体、台阶实体、采场实体、排土场实体、路堤或路堑实体等。体对象是由面对象按照某种特定的空间关系围成的封闭区域。

2.3 露天煤矿地质对象的空间特征

露天煤矿广义地质空间涉及的自然地质对象主要包括地层、矿体及其各种地质构造——褶皱和断层,对它们的空间特征进行分析和研究,有助于选择并建立合理的三维空间数据模型来描述其空间形态与内部属性。

2.3.1 自然地质对象

(1)地层[24]

地层是地质历史上某一时期形成的成层的岩石或堆积物。如图 2-16 所示,岩层走向(AOB)、倾向(OD)与倾角(α)是描述岩层几何特性的岩层产状要素。

相邻地层之间以地层界面加以区别,由于受各地质年代构造运动的影响,而使岩层

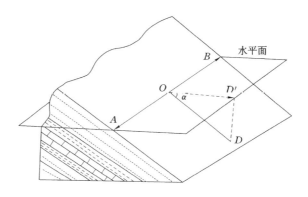

图 2-16　岩层产状要素示意图

间出现整合、假整合和不整合三种接触关系。假整合和不整合接触面可以作为地层划分的重要标志。当地质构造运动使地质界面成为不规则曲面时,若要建立地质界面模型,通常先根据地质勘探数据获取曲面上离散采样点的空间位置,然后选择适当的方法对曲面进行拟合。TIN 常被用来描述地层界面模型。

（2）褶皱

岩层形成时一般是水平的。但是如果在构造运动作用下产生一系列波状的弯曲变形,即褶皱,则褶皱中的弯曲称为褶曲,其基本形式为背斜和向斜。通常用来研究和描述褶曲空间形态特征的褶曲要素主要有:核部、翼部、翼角、转折端、顶角、枢纽、轴面、轴、轴迹、脊线和槽线等。

（3）断层

断层是岩层或岩体沿着破裂面发生明显位移的一种断裂构造。断层在地壳中广泛发育,是最重要的地壳构造之一。描述断层空间形态特征的几何要素主要包括:断层面、断层线、交面线、断盘、断距等。在建立地质模型时必须重视对断层的处理,断层面通常可以用 TIN 模型描述。

（4）煤层

煤层是典型的沉积矿床。建立煤矿床三维地质模型的首要任务是描述煤层的基本形态,煤层形态主要分为三类:① 层状:层位稳定,厚度变化小,连续分布;② 似层状:层位比较稳定,厚度变化较大,分布大致连续;③ 不规则状:层位极不稳定,分叉、尖灭等现象普遍存在,连续性很差。

（5）煤层及含煤岩系在地质构造影响下的图形学特征

地质构造边界与广义的天然边界是煤矿床建模的主要约束边界。地质构造边界中,煤层层面与褶皱轴面相交时在平面上表现为一条开放曲线,煤层层面与断层相交时则通常表现为闭合曲线。除地质构造边界以外,其他天然边界为广义天然边界。

断层和褶皱是煤矿床中较为常见的地质构造形式。按照地层的层序划分关系,褶皱包括背斜、向斜两种基本类型。图 2-17 所示为背斜构造在煤层底板等高线平面图与剖面图上的表现形式。

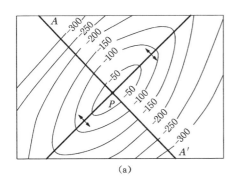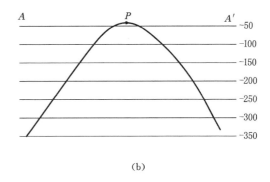

(a)　　　　　　　　　　　　　　　　　(b)

图 2-17　背斜构造表现形式（单位：m）

图 2-18 所示为向斜构造在煤层底板等高线平面图与剖面图上的表现形式。

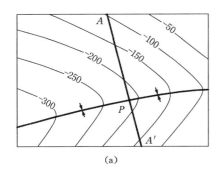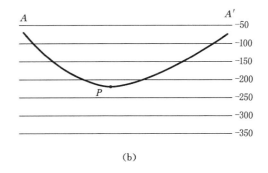

(a)　　　　　　　　　　　　　　　　　(b)

图 2-18　向斜构造表现形式（单位：m）

若用 TIN 描述煤层底板面的空间形态，当建模区域存在向斜、背斜构造时，背斜轴或向斜轴必须作为约束边参与模型构建，否则将导致所构建的模型严重失真。

断层也是煤矿床中较为常见且十分重要的地质构造，正断层和逆断层是煤矿床中最常见的两种基本类型。图 2-19 所示为正断层在煤层底板等高线图与剖面图上的表现形式。图 2-20 所示为逆断层在煤层底板等高线图与剖面图上的表现形式。正断层在剖面图上表现为煤层在断层的上盘下降、下盘升高，在平面图上则表现为同一水平的煤层底板等高线在断层处被错开。逆断层在剖面图上表现为煤层在断层的上盘上升、下盘下降，在平面图上则表现为同一水平的煤层底板等高线在断层处交叉重复出现。

综上所述，当建模区域内存在褶皱、断层等地质构造约束边界时，煤层的主要形态特征概括为：

① 煤层的空间分布形态受褶皱轴面的空间展布方式控制。当存在向斜构造时，煤层底板等高线在向斜轴两侧对应出现，且沿着向斜轴呈近低远高分布；当存在背斜构造时，煤层底板等高线沿着背斜轴呈近高远低形式分布。

② 煤层受构造运动影响发生断裂时，断层将煤层切开并发生相对位移，煤层底板不再连续，等高线在断层处中断。通常当煤层遇到正断层时，底板等高线在断层线处中断，

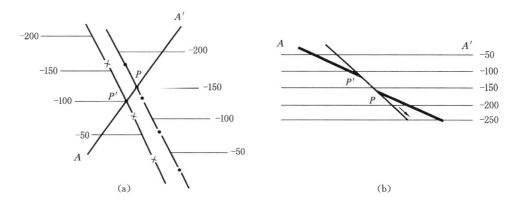

图 2-19 正断层表现形式(单位:m)

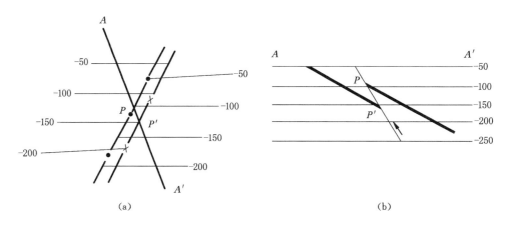

图 2-20 逆断层表现形式(单位:m)

且上、下盘断煤交线间无等高线通过,此处煤层缺失。当煤层遇到逆断层时,煤层底板等高线也表现为中断,但上、下盘断煤交线间等高线重叠通过,此处煤层的空间位置重叠。

无论是褶皱还是断层,为了确保模型的正确性和精度,构造约束边界(断层线、褶皱轴线)时均应考虑。

2.3.2 人工工程对象

露天煤矿人工工程对象主要包括露天采场、排土场、开拓系统等。台阶是构成露天采场与排土场空间几何特征的最小单元,因此,描述采场与排土场空间形态的要素包括台阶几何要素,如台阶高度、台阶坡面角、台阶平盘宽度、台阶平盘坡度、台阶工作线长度等,此外还应包括生产测量布置的碎部点。也可以用帮坡角、开采深度、排弃高度等要素来描述采场与排土场空间形态特征。

露天矿山开拓系统主要由运输道路组成,描述其空间形态特征的要素主要包括道路纵向坡度、长度、宽度、路堤或路堑坡面角、路堤高度、路堑深度等。

描述露天煤矿人工工程对象空间形态的几何要素主要是点(台阶测量碎部点、剥采排作业位置等)和线(台阶坡顶线、道路轮廓线等),在建立人工工程三维模型时,应重点考虑线对象的约束,避免出现台阶被削平等现象。

2.4 露天煤矿三维空间数据模型的选择

2.4.1 影响露天煤矿三维空间数据模型选择的因素

三维空间数据模型的选择是三维建模的核心问题。对于露天煤矿来说,由于广义地质空间内各种建模对象的结构复杂性和空间分布不连续性,以及对建模对象空间形态、内部属性描述与模型后续应用的具体需求,而使得综合考虑各种因素来选择适合的三维空间数据模型成为构建露天煤矿数字化开采模型的首要任务。

影响露天煤矿三维空间数据模型选择的因素主要有:

① 建模数据的具体来源与空间分布特征。露天煤矿建模数据的主要来源包括勘探钻孔数据和地质解译形成的平面图、剖面图、遥感图像等;按数据的空间分布特征包括规则空间分布数据与不规则空间分布数据。例如勘探钻孔数据通常呈不规则分布,可以用TIN模型。

② 建模对象的空间形态、几何特征与类型。不同类型的露天煤矿广义地质空间地质对象在空间形态与几何形态上差异较大,有的形态较规则,有的较复杂;有的连续分布,有的离散分布。模型的建立应能够正确描述建模对象,如地形、采场等对象的空间形态描述可以采用规则格网或TIN等面元模型,煤层、岩层等地质对象则适合用体元模型描述。

③ 建模的目的与应用需求。露天煤矿广义地质体对象模型建立的目的是满足专业应用需求,例如建立矿体模型要综合考虑三维可视化、空间分析与储量计算等方面的需求。

④ 模型构建的复杂性与易操作性。所选择或设计的模型既要容易构建又要便于操作,如三维栅格模型建立较容易,但是缺乏对建模对象空间拓扑关系的描述,因此很难进行空间分析操作。

2.4.2 露天煤矿三维空间数据模型的选择

露天煤矿广义地质对象包括自然地质对象和人工工程对象。自然地质对象中煤矿床属于典型的沉积矿床,露天矿田范围内的地层以层控为主,对层状地质对象空间形态的描述可采用基于面元的多层DEM模型,即沿空间 z 轴按照从上到下的顺序依次建立地表、地层分界面或矿体与围岩分界面的DEM模型(DEM模型可用格网或三角网表示),然后在边界处进行缝合形成地层体表面模型。露天煤矿人工工程对象包括露天矿采场、排土场、开拓系统等。对人工工程对象空间形态的描述也适合采用基于面元的空间数据模型(如格网,TIN等),但基于面元的空间数据模型的最大不足是不能描述建模对象的内部特征。

基于体元的块段模型的最大优势是对建模对象的内部特征具有较强的表达能力,而且较易实现矿体的定量计算与空间分析。

建立露天煤矿地质模型的目的:① 实现对地质数据的三维可视化管理;② 应用建立的三维地质模型进行空间分析、储量与剥采工程量计算、开采设计等。鉴于面元模型与体元模型的特点,采用单一的面元模型或体元模型均不能很好地满足露天煤矿建模需求,因此,可采用基于面元的 DEMs 与基于体元的不规则块体混合数据模型作为露天煤矿三维空间数据模型,即用 DEMs 作为层状地质对象的表面模型,经过缝合后形成地层体表面模型;通过对建模对象空间的划分,建立块体模型,并进一步应用已建立的 DEMs 地层模型作为约束,对边界块体细分,形成不规则块体模型。

2.5　本章小结

① 对三维空间数据模型的分类方法进行了总结,详细阐述了面元模型、体元模型和混合模型等三维空间数据模型的建模方法、特点及适用条件;

② 对露天煤矿自然地质对象和人工工程地质对象的共同特点进行了深入分析,提出了露天煤矿广义地质空间概念,并从几何特征与空间维度两个角度对露天煤矿三维空间地质对象进行了归纳分类;

③ 详细阐述了露天煤矿广义地质空间中自然地质对象、人工工程对象的空间特征与描述方式;

④ 对影响露天煤矿三维空间数据模型选择的主要因素进行了总结和分析,根据露天煤矿广义地质空间地质对象的特点、建模数据特征、模型应用目的与需求等,确定了基于 DEMs 与不规则块体混合模型的露天煤矿三维空间数据模型方案。

3 露天煤矿地质建模数据管理

根据露天煤矿地质数据的特点与类型,选择有效的数据管理工具、设计合理的数据逻辑结构与逻辑关系、建立地质数据库,实现对地质数据的科学组织与管理是建立露天煤矿三维地质模型的基础。

3.1 露天煤矿地质数据的特点

露天煤矿三维地质数据是指描述三维地质体的空间位置特征、属性特征、空间关系特征与时间特征的数字、图形、图像等的总称。

① 空间位置特征是指地质体在地球空间中的位置,可以用地理坐标系、大地坐标系或高斯平面直角坐标系进行描述。

② 空间属性特征用于表达地质体本质特征和对地质体的语义定义,包括定性属性和定量属性,地层名称、地质时代、岩性等属于定性属性,厚度、品位、体积、面积等属于定量属性[25]。

③ 空间关系特征是指地质对象之间的空间拓扑关系、空间顺序关系与度量关系等,其中空间拓扑关系是进行空间查询和分析的基础。

④ 时间特征是指地质体形成后随着时间变化,例如地层在不同地质历史时期的地质演化过程中表现出不同的特点,矿床开采范围随着不同时期采矿工程的发展而不断变化等。

综上所述,基于三维地质数据描述的地质体可表示为[26]:

$$E = \{(x,y,z), A, T, R\} \tag{3-1}$$

式中　E——地质体对象;

(x,y,z)——地质体的空间位置;

A——地质体的空间属性;

T——时间;

R——空间关系。

由于在特定的空间位置上地质体的属性与空间关系特征通常会随着时间变化,故又有:

$$A = F((x,y,z), T) \tag{3-2}$$

$$R = G((x,y,z), T) \tag{3-3}$$

式中　F——时间、空间位置特征与属性的映射;

G——时间、空间位置特征与空间关系特征的映射。

3.2 露天煤矿地质数据类型

描述露天煤矿广义地质体对象的数据主要为通过各种勘探、测量方法或手段获得的地质数据。按照空间分布特点,可分为地表数据和地下数据;按照获取数据手段,可分为遥感数据、测量数据、勘探工程数据等;按照数据所属专业,可分为地质数据、测量数据等;按照数据产生时间,可分为勘探数据、生产数据、计划数据等;按照数据来源,可分为原始数据、成果数据、派生数据等。

根据数据来源,综合考虑数据的时间特征,将露天煤矿地质数据分为原始数据、成果数据、派生数据和生产数据,见表 3-1。

表 3-1 露天煤矿地质数据分类

数据类型	数 据 内 容
原始数据	遥感影像、地质测量数据、地质调查数据、勘探工程数据、物探化探数据
成果数据	遥感数据解译成果、地质地形图、勘探线剖面图、钻孔柱状图、煤岩层对比图水平切面图、煤层底板等高线图、储量计算图
派生数据	煤层底板高程估值数据、煤质估值数据
生产数据	生产勘探数据、地质素描数据、生产测量数据

原始数据是指通过各种勘探或分析手段得到的能够反映地质对象空间几何特征、属性特征和相互关系的数据,如遥感影像、钻探数据、地震勘探数据、测井原始数据及样品分析化验数据等。原始数据是地质对象空间特征、属性特征的真实记录,但也会因勘探工程的施工质量和测量方法的不同而存在质量等级的差异或误差,可以在矿山生产过程中通过生产补勘、地质对象特征点测量与地质写实等手段加以修正。

成果数据是在对原始数据进行综合、分析、归纳的基础上得到的数据成果,如钻孔成果表、勘探线剖面图、煤层综合成果表、煤层顶底板等高线图等。由于不同勘探阶段获得的原始数据规模不同,而且成果数据中一般都包含地质工作者根据主观知识和经验对地质现象进行的合理推测,因而导致成果数据的可靠性和精度有所差异。

派生数据是在勘探数据密度较小时,基于已获得的勘探数据采用合理的地质统计学插值方法估计或推导出的数据,主要用来增大空间数据密度。这些数据既非通过地质勘探原始获得,也不是从成果图上直接得到,其精度和可靠性取决于采用的方法和所建立模型的科学性、合理性,可通过交叉检验等方式进行验证。

生产数据是在露天煤矿建设、生产过程中,通过生产取样、地质素描、生产测量等方式获取的地质体形态描述的真实数据。这些数据也可能因为施工质量、测量方法的不同等而产生误差,但是与成果数据和派生数据相比,主观影响较小,可靠性较高,可以作为对原始数据进行修正和更新的基础数据使用。

3.3 露天煤矿地质数据库设计

3.3.1 地质数据库管理系统选择

地质数据库管理系统的选择应主要考虑:建立数据库的难易程度、数据库管理系统的性能、数据与网络透明程度、容错能力、安全性控制、数据恢复能力、并行处理能力以及可移植性与可扩展性等。

根据露天煤矿地质数据的特点与数据管理需求,选择 MySQL 作为地质数据库管理平台。MySQL 性能好、成本低、速度快、可靠性高,是目前最流行的关系型数据库管理系统之一,由瑞典 MySQL AB 开发。

MySQL 数据库管理系统的特点如下:

① 简单易用。与其他数据库相比,MySQL 易学、易部署、易管理和易维护。

② 拥有成本低。MySQL 软件是开源的,体积小、速度快、总体拥有成本低。

③ 良好的技术支持服务。MySQL 软件采用双授权模式,分为社区版和商业版,无论是开发方面,还是支持方面,MySQL 数据库拥有大量强大的工具可以选择。

④ 灵活性和可扩展性。MySQL 软件中有众多额外功能可选,如存储引擎等。MySQL 是可以定制的,采用了 GPL(general public license)协议,可以通过修改源码来开发自己的 MySQL 系统[27]。

3.3.2 露天煤矿地质数据库结构设计

（1）地质数据库总体结构设计

地质数据库总体结构如图 3-1 所示。

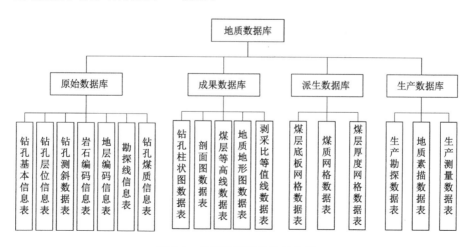

图 3-1 地质数据库总体结构图

（2）原始数据库逻辑结构设计

① 钻孔基本信息表数据结构定义（表3-2）。

表 3-2　钻孔基本信息表数据结构

字段名	数据类型	长度/byte	描述	备注
ID	数值型	18	ID	索引，自动编号
ZKDM	字符型	30	钻孔代码	
KTXBM	字符型	30	勘探线编码	主勘探线
KKZBX	数值型	20	孔口坐标 X	
KKZBY	数值型	20	孔口坐标 Y	
KKZBZ	数值型	20	孔口坐标 Z	孔口标高
CGCW	字符型	80	穿过层位	
CGMC	字符型	80	穿过煤层	
ZKCW	字符型	30	终孔层位	
ZKSD	数值型	20	终孔深度	
ZZXD	数值型	10	最终斜度	
CJRQ	日期型	8	测井日期	
MEMO	文本			

② 钻孔层位信息表数据结构定义（表3-3）。

表 3-3　钻孔层位信息表数据结构

字段名	数据类型	长度/byte	描述	备注
ID	数值型	18	ID	索引，自动编号
ZKDM	字符型	30	钻孔代码	
DCDM	字符型	10	地层代码	
YSBM	字符型	10	岩石编码	
BZCDM	字符型	10	标志层代码	
CH	数值型	20	层厚	
FROM	数值型	20	起始深度	间隔起点相对孔口深度
TO	数值型	20	终点深度	间隔终点相对孔口深度
LJSD	数值型	20	累计深度	层厚累计值
DCZH	数值型	20	地层真厚	
DCZHLJ	数值型	20	真厚累计	
JCGX	字符型	2	底部接触关系	
YXMS	文本		岩性描述	
MEMO	文本			

注：底部接触关系主要包括过渡接触、明显接触、冲刷接触、整合接触、不整合接触、平行不整合接触、角度不整合接触、微角度不整合接触、侵入接触、断层接触、接触关系不清。

③ 钻孔测斜数据表数据结构定义（表3-4）。

表 3-4　钻孔测斜数据表数据结构

字段名	数据类型	长度/byte	描述	备注
ID	数值型	18	ID	索引,自动编号
ZKDM	字符型	30	钻孔代码	
CDSD	数值型	20	测点深度	
CDQJ	数值型	10	测点倾角	
CDFWJ	数值型	10	测点方位角	

④ 断层数据表数据结构定义(表 3-5)。

表 3-5　断层数据表数据结构

字段名	数据类型	长度/byte	描述	备注
ID	数值型	18	ID	索引,自动编号
DCMC	字符型	30	断层名称	
DCBM	数值型	20	断层编码	
DCXZ	字符型	10	断层性质	正、逆
DCQJ	数值型	10	断层倾角	
DCQX	字符型	10	断层倾向	
PMXBM	字符型	20	剖面线编码	
QGGX	字符型	20	切割关系	
DCDM	字符型	10	地层代码	
DCLC	数值型	20	断层落差	
ZBX	数值型	20	断层线坐标 X	
ZBY	数值型	20	断层线坐标 Y	
ZBZ	数值型	20	断层线坐标 Z	
MEMO	文本		断层描述	

⑤ 岩石编码数据表数据结构定义(表 3-6)。

表 3-6　岩石编码数据表数据结构

字段名	数据类型	长度/byte	描述	备注
YSBM	字符型	10	岩石编码	索引
YSMC	字符型	50	岩石名称	

⑥ 地层编码数据表数据结构定义(表 3-7)。

表 3-7　地层编码数据表数据结构

字段名	数据类型	长度/byte	描述	备注
DCDM	字符型	10	地层代码	索引
DCMC	字符型	50	地层名称	
DCSX	字符型	10	地层属性	煤层、岩层

⑦ 勘探线数据表数据结构定义（表 3-8）。

表 3-8　勘探线数据表数据结构

字段名	数据类型	长度/byte	描述	备注
ID	数值型	10	ID	索引,自动编号
KTXMC	字符型	10	勘探线名称	
KTXDM	字符型	10	勘探线代码	
FX	数值型	10	首点坐标 X	
FY	数值型	10	首点坐标 Y	
EX	数值型	10	末点坐标 X	
EY	数值型	10	末点坐标 Y	

⑧ 钻孔煤质数据表数据结构定义（表 3-9）。

表 3-9　钻孔煤质数据表数据结构

字段名	数据类型	长度/byte	描述	备注
ID	数值型	10	ID	索引,自动编号
ZKDM	字符型	30	钻孔代码	
MCMC	字符型	20	煤层名称	
CYQSSD	数值型	10	采样起始深度	米
CYZZSD	数值型	10	采样终止深度	米
CYHD	数值型	6	采样厚度	米
YPBH	字符型	10	样品编号	
MT	数值型	6	全水分	%
MAD	数值型	6	水分	%
AD	数值型	6	灰分	%
VDAF	数值型	6	挥发分	%
ST	数值型	6	全硫分	
Q	数值型	6	发热量	
ARD	数值型	6	视密度	单位为 t/m³
TRD	数值型	6	真密度	单位为 t/m³

（3）地质数据表结构与逻辑关系

在完成数据逻辑结构设计的基础上，应用 MySQL Workbench 工具对数据表结构与逻辑关系进行了建模分析，如图 3-2 所示。

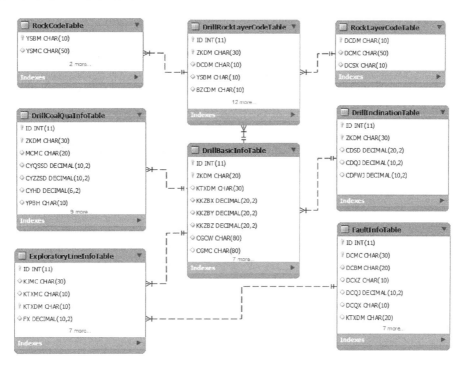

图 3-2　数据表结构与逻辑关系图

3.4　本章小结

① 从空间位置特征、空间属性特征、空间关系特征和时间特征等角度对露天煤矿地质数据的特点进行了详细分析，并按时间特征将露天煤矿地质数据分为原始数据、成果数据、派生数据和生产数据。

② 设计了露天煤矿地质数据库总体结构，并分别对钻孔、层位、断层等数据表的逻辑结构进行了详细设计，在此基础上应用 MySQL Workbench 工具对地质数据表结构与逻辑关系进行了建模分析。

4 露天煤矿数字化开采模型构建方法研究

根据露天煤矿地质对象特征和对三维地质模型的具体应用需求,选择基于面元的表面模型和基于体元的块体模型来描述露天煤矿地质对象。本章对构建露天煤矿数字化开采模型涉及的空间数据插值方法、地层层面 DEM 模型构建方法、三维地层模型以及基于层面模型约束的块体模型构建方法等进行研究。

4.1 基于 PSO-RBF 神经网络的地质数据插值方法

经过粗差检查和错误修正后的原始地质数据,仍然不能满足三维地质建模的数据要求。由于露天矿山自然地质对象的分布范围广、尺度大,在地质勘探阶段获取的原始数据仅为三维地质数据场的有限采样,具有明显的离散性、稀疏性。为了建立三维地质模型,研究地质数据的空间分布规律或者实现对未知区域地质属性的预测、推断,就要采用数学、统计学乃至人工智能方法根据已知的勘探数据来估计未知区域的地质属性,即进行地质数据插值(或估值)[28]。

4.1.1 传统地质数据插值方法概述

常用的传统地质数据插值方法有:距离幂次反比法、改进谢别德插值法、最近邻点插值法、趋势面插值法、克里金插值法等。

(1)距离幂次反比法[29-30]

距离幂次反比法(inversed distance weighted,简称 IDW)的基本思想是地质空间每个采样点对插值点都将产生一定的影响,影响系数即采样点权重。基于相近相似原理(即待插值点的地质属性值与距离该点最近的已知点的地质属性相似),采样点权重会随着与插值点之间距离的增加而减小,权重与距离成反比关系,当采样点与插值点的距离超出一定的阈值时,采样点的地质属性对插值点的地质属性的影响权重可以忽略不计。

基于上述原理,地质空间任一插值点处的属性值是其周围一定距离范围内各采样点的权重之和。

$$
\begin{cases}
Z_p = \sum_{i=1}^{n} \lambda_i \cdot Z_i \\
\lambda_i = d_i^{-u} \Big/ \sum_{i=1}^{n} d_i^{-u} \\
\sum_{i=1}^{n} \lambda_i = 1
\end{cases}
\tag{4-1}
$$

式中　Z_p——待插值点属性值；

　　　Z_i——参与插值的采样点集合中第 i 个采样点的属性值；

　　　λ_i——第 i 个采样点的权重；

　　　d_i——第 i 个采样点到待插值点的距离；

　　　u——距离幂指数，大量实验结果表明，$u=2$ 时插值结果比较接近实际情况，计算也比较简单，因此 u 通常取 2[31]。

距离幂次反比法综合了泰森多边形邻近点法和多元回归法的优点，可以进行精确的插值或者采用圆滑的方式插值，而且算法原理简单，易实现。但距离幂次反比法易受采样点集群的影响，在采样点附近局部产生等值线"牛眼"效应。另外，由于属于精确性插值方法，插值生成的最大值和最小值只会出现在采样点处，当采样实测数据漏测插值区域最大值、最小值时，插值结果也不会预测出最大值和最小值，直接导致局部细节特征的淹没[32]。

（2）改进谢别德插值法

改进谢别德插值法（modified Shephard's method）与距离幂次反比法类似，但其采用局部最小二乘法来消除或减轻由于采样点集群而产生的"牛眼"效应，本质上仍属于距离倒数加权方法。

改进谢别德插值法权函数为：

$$
w_i = \begin{cases}
\dfrac{1}{d_i} & \left(0 < d_i < \dfrac{r}{3}\right) \\[2mm]
\dfrac{27}{4r}\left(\dfrac{d_i}{r}-1\right)^2 & \left(\dfrac{r}{3} < d_i < r\right) \\[2mm]
0 & (r < d_i)
\end{cases}
\tag{4-2}
$$

式中　w_i——权重；

　　　d_i——第 i 点到待插值点的距离；

　　　r——调整距离。

改进谢别德插值法存在两种变化形式：

① 根据与插值点距离最远点（在给定的半径范围内或在整体数据集合中）的距离来调整权重，假设最远距离为 r，修正后的权函数为：

$$
w_i = \frac{\left(\dfrac{r-d_{ij}}{rd_{ij}}\right)^u}{\displaystyle\sum_{i=1}^{n}\left(\dfrac{r-d_{ij}}{rd_{ij}}\right)^u}
\tag{4-3}
$$

式中　d_{ij}——采样点 i 到插值点 j 的距离。

② 使用拟合的局部二次多项式来调整权重，即参与倒数加权函数的高程值并不是原始采样点的高程值，而是采用拟合二次多项式修正的计算高程值：

$$\begin{cases} Z_j = \dfrac{\sum\limits_{i=1}^{n} \dfrac{Q_i}{d_{ij}^u}}{\sum\limits_{i=1}^{n} \left(\dfrac{1}{d_{ij}}\right)^u} \\ d_{ij} = \sqrt{(x_j - x_i)^2 + (y_j - x_i)^2 + \delta^2} \end{cases} \tag{4-4}$$

式中　Z_j——插值点属性值；

　　　(x_j, y_j)——插值点坐标；

　　　(x_i, y_i)——采样点坐标；

　　　δ——平滑因子；

　　　Q_i——二次多项式函数；

　　　d_{ij}——采样点 i 到插值点 j 的距离；

　　　u——权指数。

（3）最近邻点插值法

最近邻点插值法（nearest neighbor interpolation）又称为泰森（Thiessen）多边形方法，也称为 Dirichlet 或 Voronoi 多边形方法，其核心思想为：插值点属性值与距离它最近的采样点的属性值相等。

其数学表达式为：

$$V_e = V_i \tag{4-5}$$

式中　V_e——插值点属性值；

　　　V_i——与插值点距离最近的采样点的属性值。

最近邻点插值法简单，效率高，但是空间因素考虑较少，如果采样点分布不均匀，导致属性值在很大区域内同一化，插值精度较低，插值后生成的表面比较粗糙。

自然邻点插值法（natural neighbor interpolation）是最近邻点插值法的改进方法，其基本方法是先创建基于所有采样点的 Voronoi 图，当插值计算未知点属性值时，对待插值点生成一个新的 Voronoi 图，所有与待插值点泰森多边形相交的泰森多边形中的采样点都参与未知点的属性插值计算，采样点对待插值点属性值的影响权重根据参与插值的采样点所在泰森多边形与待插值点所在泰森多边形相交部分的面积和待插值点所在泰森多边形的面积之比确定，如图 4-1 所示。

自然邻点插值法的数学表达式为：

$$\begin{cases} f(x) = \sum\limits_{i=1}^{n} w_i(x) f_i \\ w_i(x) = \dfrac{S_i \bigcap S(x)}{S(x)} \end{cases} \tag{4-6}$$

式中　$f(x)$——插值点 x 的属性值；

　　　$w_i(x)$——参与插值的采样点 i 对插值点 x 的权重；

　　　f_i——采样点属性值；

　　　S_i——待插值点泰森多边形面积之和；

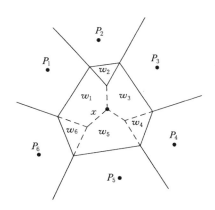

图 4-1 自然邻点插值法示意图

$S(x)$——参与插值的采样点所在泰森多边形面积之和。

（4）趋势面插值法[33-36]

趋势面插值法（polynomial regression interpolation）即多项式回归分析法，是一种常用的整体插值方法，一般用于确定数据的整体趋势。

在描述长距离渐变特征的方法中，多项式回归分析法是最简单的方法。多项式回归的基本思想：用多项式表示线或面，按最小二乘法原理对数据点进行拟合，实现对地质属性变化趋势的预测与估计。

二维空间拟合时，如果数据点的空间坐标为(x,y)，z表示该位置的属性值，则其二元回归函数为：

① 线性拟合：

$$z = a_0 + a_1 x + a_2 y \tag{4-7}$$

② 二次多项式拟合：

$$z = a_0 + a_1 x + a_2 y + a_3 x^2 + a_4 xy + a_5 y^2 \tag{4-8}$$

采用最小二乘法基于n个采样点计算出多项式系数，进而通过回归函数计算出待插值点的属性值。

经拟合后的趋势面函数是个平滑函数，很难严格通过原始采样点。实际上趋势面最有成效的应用是揭示插值区域中与总体趋势不一致的最大偏离部分，因此趋势面插值法主要用于使用某种局部插值方法之前，去掉原始采样点所包含的一些宏观地质特征。

（5）克里金插值法[37-39]

以空间点坐标x_u,x_v,x_w为自变量的随机场$z(x_u,x_v,x_w)=z(x)$称为区域化变量。克里金插值法是主要用来分析处理区域化变量的一种插值方法，从区域化变量的结构性和随机性出发，在有限区域内对区域化变量进行无偏、最优估计。

假设区域化变量$Z(x)$满足二阶平稳假设和本征假设，其数学期望值为m，协方差函数$c(h)$及变异函数$\gamma(h)$如下：

$$\begin{cases} E[Z(x)] = m \\ c(h) = E[Z(x)Z(x+h)] - m^2 \\ \gamma(h) = \dfrac{1}{2}E[Z(x) - Z(x+h)]^2 \end{cases} \tag{4-9}$$

设区域化变量 $Z(x)$ 是一个二阶平稳的随机函数,其在 n 个位置的取样分别为 $Z(x_1), Z(x_2), \cdots, Z(x_n)$,普通克里金法在点 x_0 处的最优估计值为:

$$Z^*(x_0) = \sum_{i=1}^{n} \lambda_i Z(x_i) \tag{4-10}$$

式中 $Z^*(x_0)$——x_0 点处的克里金最优估计值;

λ_i——样品点的克里金权重系数,表示各空间样本点处的观测值对估计值 $Z^*(x_0)$ 的贡献程度。

应用克里金算法的关键是计算权重系数 λ_i。λ_i 的计算必须满足两个条件:

① 无偏性:$Z^*(x_0)$ 为 $Z(x_i)$ 的无偏估计值。

② 有效性:估计值 $Z^*(x_0)$ 与实际值 $Z(x_i)$ 之差的平方和最小。

$$\begin{cases} E[Z^*(x)] = E[Z(x)] \\ E\left[\sum_{i=1}^{n} \lambda_i Z(x_i)\right] = \sum_{i=1}^{n} \lambda_i E[Z(x_i)] = m \\ \sigma^2 = E[Z(x) - Z^*(x)]^2 = E\left[Z(x) - \sum_{i=1}^{n} \lambda_i Z(x_i)\right]^2 \end{cases} \tag{4-11}$$

式中 λ_i——各样本点的权重系数。

用协方差函数可以表达为:

$$\sigma^2 = c(x, x) + \sum_{i=1}^{n}\sum_{j=1}^{n} \lambda_i \lambda_j c(x_i, x_j) - 2\sum_{i=1}^{n} \lambda_i c(x_i, x) \tag{4-12}$$

要使估计协方差最小,根据拉格朗日乘数原理,令

$$F = \sigma_E^2 - 2\mu\left(\sum_{i=1}^{n} \lambda_i - 1\right) \tag{4-13}$$

式中 u——拉格朗日待定系数。

求 F 对 λ_i 和 μ 的偏导数,并令偏导数为 0,得到克里金方程组:

$$\begin{cases} \dfrac{\partial F}{\partial \lambda_i} = 2\sum \lambda_i c(x_i, x_i) - 2c(x_i, x) - 2\mu = 0 \\ \dfrac{\partial F}{\partial \mu} = -2\left(\sum_{i=1}^{n} \lambda_i - 1\right) = 0 \end{cases} \quad (i = 1, 2, \cdots, n) \tag{4-14}$$

式中 $c(x_i, x_j), c(x_i, x)$——向量一端扫过 x_j 和 x_0,另一端扫过 x_i 的变异函数。

式(4-14)是一个 $n+1$ 阶线性方程组,有 n 个未知数 λ_i 和 1 个未知数 u,将已知采样点数据代入式(4-14),解得 λ_i,将其代入式(4-9)、式(4-10),可求出估计值和估计方差。

4.1.2 PSO-RBF 神经网络地质数据插值方法

传统的估值方法虽然能够在一定程度上满足实际生产的需求,但是由于地质变量具

有空间结构性、随机性、连续性和各向异性，并且在一定范围内呈现非线性相关性，因而传统的估值方法需要足够的样本空间，并且外推能力差、边界误差大、缺乏通用性。人工神经网络（artificial neural network，简称 ANN）借鉴人脑的思维方式和组织形式处理和解决问题，通过在若干处理单元之间建立高度非线性与线性运算复合关系而形成复杂的网络系统，适合处理随机的非线性问题[40]。

很多学者对应用 BP 神经网络进行地质数据插值分析展开了研究，并取得了较好的插值效果。虽然 BP 神经网络在网络理论和网络性能上都已经很成熟，但是它并不是十分完善[41]，存在诸如 BP 神经网络训练的收敛速度慢、较易陷入局部极小值点、陷入 S 型函数（Sigmoid 函数）的饱和区、学习和记忆不稳定等缺点。鉴于基本 BP 算法存在局限性，提出了一种基于 PSO-RBF 神经网络的地质数据插值方法。

4.1.2.1 PSO 算法与 RBF 神经网络概述

（1）PSO 算法

PSO（particle swarm optimization）算法的原理是生成一群问题的潜在解 $X = (X_1, X_2, \cdots, X_n)$，由目标函数算出每一个潜在解的适应值 P，根据要求（求解最大或最小适应值）找出这个群体的最优解 P_{best}，然后更新潜在解，进入下一轮计算[42]。

在初始时刻，将通过对数据聚类后得到的聚类中心设置为第一批潜在解，并随机生成第一批速度 v^i，在每一次迭代过程中，粒子通过跟踪个体极值 P_{best} 和全局极值 G_{best} 更新自己的位置与速度[43]：

$$v^{k+1} = v^k + c_1 r_1 (P_{best} - X^k) + c_2 r_2 (G_{best} - X^k) \tag{4-15}$$

$$X^{k+1} = X^k + v^{k+1} \tag{4-16}$$

式中　　k——当前迭代次数；

　　　　v——粒子速度；

　　　　X——粒子位置；

　　　　c_1, c_2——非负常数，称为加速度因子；

　　　　r_1, r_2——分布于 $[0, 1]$ 之间的随机数。

（2）RBF 神经网络

RBF（radial basis function）径向基函数神经网络在网络结构和学习算法上均与 BP 网络存在很大的差别，在一定程度上克服了 BP 网络的缺点。RBF 神经网络具有结构自适应确定、系统输出与初始权值无关等优点，在多维曲面拟合、自由曲面重构等领域得到广泛应用[44]。

如图 4-2 所示，基本 RBF 神经网络由三层构成：第一层是输入层，其作用是连接网络与外部环境，将信号传递到隐层；第二层是唯一的隐层，其作用是从输入层到隐层之间进行非线性变换，与 BP 网络不同，大多数情况下隐层都具有较高的维数，其神经元传递函数由呈辐射状的作用函数——径向基函数构成；第三层是线性输出层，对作用于输入层的激活模式做出响应。图中 w_{ik} 为隐含层的输出权重。

RBF 神经网络常用的基函数有以下几种形式[98]：

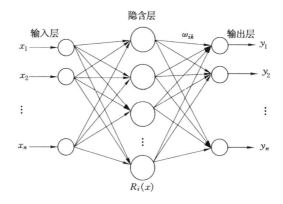

图 4-2 RBF 网络拓扑结构

$$\varphi(r) = \exp\left(-\frac{r^2}{2\sigma^2}\right) \tag{4-17}$$

$$\varphi(r) = (\sigma^2 + r^2)^{1/2} \quad (\sigma > 0) \tag{4-18}$$

$$\varphi(r) = (\sigma^2 + r^2)^\beta \quad (0 < \beta < 1, \sigma > 0) \tag{4-19}$$

$$\varphi(r) = \frac{1}{(\sigma^2 + r^2)^{1/2}} \quad (\sigma > 0) \tag{4-20}$$

最常用的是高斯核函数：

$$u_j = \exp\left[-\frac{(\boldsymbol{X} - C_j)^{\mathrm{T}}(\boldsymbol{X} - C_j)}{2\sigma_j^2}\right] \quad (j = 1, 2, \cdots, N_h) \tag{4-21}$$

式中　u_j——第 j 个隐层节点的输出；

　　　$\boldsymbol{X}$——输入样本；

　　　C_j——高斯函数的中心值；

　　　σ_j——标准化常数；

　　　N_h——隐层节点数。

由式(4-21)可知节点输出值范围为 0～1，且输入样本越靠近节点中心，输出值越大。

RBF 神经网络模型与其他前馈网络模型具有相似的结构和功能，其结构均为"感觉-联想-反应"，功能都是函数逼近。

相关研究表明[45]：RBF 神经网络与 BP 网络一样具有以任意精度逼近任意连续函数的能力，两者的主要差别为不同的作用函数。BP 神经网络隐藏节点作用函数的值在无限大的输入空间范围内非 0，而 RBF 神经网络中的径向基函数作用是局部的。由于 RBF 网络的隐层径向基函数族是闭集合，可以达到与被逼近函数距离范数的下确界，因此是最佳逼近，而 BP 网络隐层作用函数的逼近函数族是非闭集合，所以不具有最佳逼近性质。因此，RBF 网络具有 BP 网络无法比拟的优点——全局优化、最佳逼近性质，相对快速的学习方法[46]。

4.1.2.2　PSO-RBF 地质数据插值算法设计与实现

将 PSO 算法与 RBF 神经网络相结合，利用 PSO 算法的迭代寻优能力优化 RBF 神经网络参数,以提高 RBF 神经网络的地质数据插值预测效果。

(1) PSO-RBF 地质数据插值原理

地质数据空间插值实质是曲面插值问题,认为地质数据的空间分布能够用一个复杂的非线性函数进行逼近。钻孔数据作为实际采样点只是这个复杂曲面上的点,插值就是根据已知采样点对这个复杂曲面进行拟合,建立地质数据平面坐标与空间属性之间的函数关系式:

$$z = f(x, y) \qquad (4\text{-}22)$$

式中 x, y——采样点平面坐标;

z——对应的空间属性值。

RBF 神经网络以采样点平面坐标 (x, y) 作为网络输入,以对应的空间属性值作为网络输出,即网络的输入层节点数为 2,输出层节点数为 1。用已获得的地质采样点数据为训练样本对 RBF 神经网络进行训练,将地质数据点的空间属性值与平面坐标 (x, y) 之间的非线性函数关系隐藏在收敛后的 RBF 网络之中,然后将待插值点的平面坐标作为网络输入,利用训练好的 RBF 神经网络进行仿真预测,即可得到待插值点的空间属性值。RBF 神经网络地质数据插值的网络拓扑结构如图 4-3 所示。

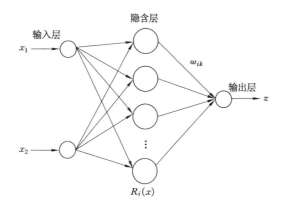

图 4-3 地质数据插值 RBF 神经网络拓扑结构

PSO 算法模拟的蚁群搜索方式克服了传统算法依赖初始聚类中心且容易陷入局部最优的缺点。PSO 算法以 RBF 输入数据拟合残差绝对值的和为适应度值,并将 PSO 算法作为 RBF 神经网络训练的前导性计算,以期获得 RBF 神经网络训练的最优参数值。

PSO 算法的目标函数为:

$$\min f(i) = \sum_{i=1}^{n} |Z_{ci} - Z_i| \qquad (4\text{-}23)$$

式中 Z_{ci}——通过模型计算得到的样本点地质属性值;

Z_i——样本点实际地质属性值;

i——样本数据序号;

n——样本数据组数。

(2) PSO-RBF 神经网络地质数据插值算法实现

PSO-RBF 神经网络地质数据插值算法的实现步骤如下：

① 训练样本数据归一化处理。为了提高 RBF 网络学习速度，首先对训练样本数据进行归一化处理。

设插值区域最小外接矩形 MBR 的左下角和右上角的坐标分别为 (x_{min}, x_{max}) 和 (y_{min}, y_{max})，则：

$$\begin{cases} x' = \dfrac{x - x_{min}}{x_{max} - x_{min}} \\ y' = \dfrac{y - y_{min}}{y_{max} - y_{min}} \end{cases} \tag{4-24}$$

设训练样本空间属性值的最大值、最小值分别为 z_{max} 和 z_{min}，则：

$$z' = \frac{z - z_{min}}{z_{max} - z_{min}} \tag{4-25}$$

② 插值点生成。沿 x 轴、y 轴方向以一定距离（距离的设定主要考虑研究区域的大小）生成研究区域范围内的二维网格矩阵，以网格节点作为插值点，并采用步骤①中方法对插值点平面坐标进行归一化处理。

③ 以 PSO 优化 RBF 神经网络模型参数。

a. 确定 PSO 算法初始潜在解。采用随机方法确定输入数据的中心向量。

b. 确定 PSO 参数值。粒子个数取 20，最大迭代次数取 100，学习因子 $c_1 = c_2 = 1.494\,45$。

c. 初始化粒子初值和速度，并用适应度函数计算粒子群中各粒子的适应度值。

d. 对于每个粒子，比较其适应度与它所经历的最好中心点的适应度，如果更好，则更新 P_{best}。

e. 对于每个粒子，比较其适应度与群体所经历的最好中心点的适应度，如果更好，则更新 G_{best}。

f. 更新粒子的速度与中心点。

g. 重复第 d 至第 f 步骤，直至最大迭代次数，返回全局最小适应度值对应的中心点 G_{best}。

④ 网络建立与训练。利用 MATLAB 神经网络工具箱建立 RBF 径向基函数神经网络，以地质属性采样点数据中的点平面坐标 x，y 作为网络输入层的两个输入值，对应的地质属性值作为网络输出，将经 PSO 优化得到的全局最小适应度值对应的中心点 G_{best} 作为 RBF 神经网络的结构参数，对网络进行训练，建立地质数据平面坐标 x，y 与空间属性 z 之间的非线性映射关系，并储存于网络之中。

⑤ 网络仿真。将步骤②中生成的二维网格矩阵输入训练好的 RBF 神经网络进行仿真，预测与网格节点对应的空间属性值，并反向还原网络输出数据：

$$z = z^* (z_{max} - z_{min}) + z_{min} \tag{4-26}$$

式中　z^*——神经网络预测值；

　　　z——反向还原的地质数据空间属性值。

4.1.2.3　PSO-RBF 地质数据插值算法应用

（1）应用实例

利用 MATLAB 软件强大的数据处理功能和人工神经网络工具箱,实现以钻孔平面坐标为输入的 PSO-RBF 神经网络地质数据插值算法,并将其应用于某露天矿煤层底板高程插值。

原始钻孔样本共 480 个,选取其中 400 个构建训练样本集合,另外 80 个样本数据作为检验数据集合用以检验 PSO-RBF 网络的泛化能力。

表 4-1 为应用部分检验数据进行 PSO-RBF 网络泛化能力的检验结果。

表 4-1　PSO-RBF 网络泛化能力检验

样本	钻孔位置		实测底板 z	插值底板 z	绝对误差 E^*
	横坐标 x	纵坐标 y			
1	612 110.91	4 965 940.64	786.22	786.510 074	$-0.290\ 074$
2	612 459.82	4 963 133.20	685.29	685.418 690	$-0.128\ 69$
3	614 263.04	4 963 005.94	871.67	871.792 372	$-0.122\ 372$
4	614 439.68	4 964 451.45	838.53	838.638 067	$-0.108\ 067$
5	610 649.03	4 963 280.14	672.45	672.426 328	0.023 672
6	614 656.94	4 962 698.91	944.28	944.195 505	0.084 495
7	615 489.68	4 963 958.76	955.91	955.771 935	0.138 065
8	613 999.13	4 965 107.08	794.18	794.028 784	0.151 216
9	614 920.30	4 963 444.11	926.09	925.787 814	0.302 186
10	614 578.21	4 963 414.06	888.60	888.279 240	0.320 76

图 4-4 为 PSO-RBF 神经网络训练误差曲线,图 4-5 为插值后生成的煤层底板等高线图。

（2）PSO-RBF 神经网络地质数据插值精度分析

为评价 PSO-RBF 神经网络算法插值精度,采用平均绝对误差、误差均方根（RMSE）和平均相对误差三项评价指标,与传统的克里金插值方法进行插值精度对比分析。

$$\overline{d} = \frac{1}{n}\sum_{i=1}^{n} | (Z_i^{\wedge} - Z_i) | \qquad (4-27)$$

$$\mathrm{RMSE} = \sqrt{\frac{1}{n}\sum_{i=1}^{n} (\hat{Z}_i - Z_i)^2} \qquad (4-28)$$

$$\overline{d}\% = \frac{1}{n}\sum_{i=1}^{n} \frac{|\hat{Z}_i - Z_i|}{Z_i} \times 100\% \qquad (4-29)$$

式中　$\hat{Z}_i$——应用插值算法得到的煤层底板高程;

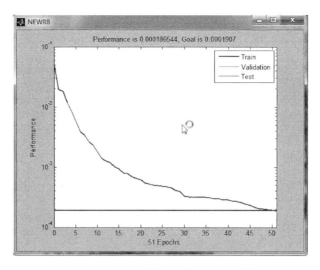

图 4-4　PSO-RBF 神经网络训练误差曲线

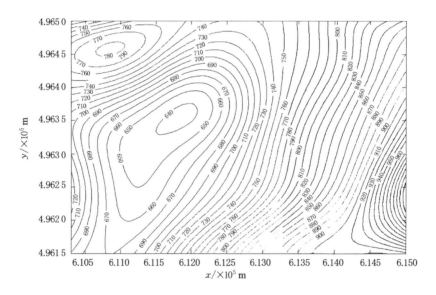

图 4-5　PSO-RBF 神经网络插值数据生成的煤层底板等高线图(单位:m)

Z_i——钻孔样本点实际煤层底板高程;

n——训练样本集或检验样本集的样本数。

上述三项评价指标中,$\overline{d}$、RMSE 与 $\overline{d}\%$ 越小,插值误差越小,插值精度越高。

上述 PSO-RBF 神经网络地质数据插值算法插值结果三项指标分别为:$\overline{d}=2.18$,RMSE=4.51,$\overline{d}\%=8.24\%$,克里金法插值结果三项指标分别为 $\overline{d}=3.54$,RMSE=7.38,$\overline{d}\%=15.23\%$。分析表明:PSO-RBF 神经网络地质数据插值方法插值精度较高,插值结果可靠。

4.2 约束边优先的地层层面 DEM 模型构建

4.2.1 地层层面 DEM 模型的描述

地层层面 DEM 模型的描述方法主要有规则格网法和不规则三角网法。

（1）格网模型

格网模型是对所研究区域进行网格划分,用互不覆盖的网格将连续的地理空间离散化,每个格网点上有一个相对应的空间属性值,每个网格单元可附加空间属性信息。由于格网模型的数据结构非常规则,当原始采样数据点分布不规则时,需要进行数据插值,以得到规则的格网点。

格网模型的数据结构简单,操作方便,并且格网模型非常规则,使得通过格网数据来构造连续、光滑的曲面成为可能,因此,应用格网构造地表模型时在视觉上具有明显优势[47],如图 4-6 所示。

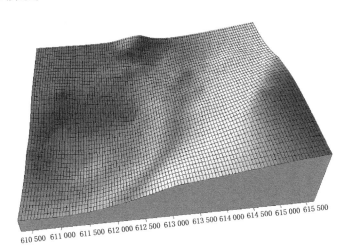

图 4-6　格网模型示意图

（2）不规则三角网模型

通常对不规则采样点进行三角剖分来获得 TIN 模型,不需要维护模型的规则性,从而使其不但能灵活地随地质界面的复杂程度改变三角网单元的大小,避免平坦处数据冗余,而且能按照地质界面的特征点表示其空间形态特征,因此,TIN 成为最基本、最常用的一种层面建模方法。

规则格网模型能够展现建模对象高程变换细节,拓扑关系比较简单,数据结构和算法都较容易实现,且某些空间操作和存储比较便捷,但是格网模型需要的存储空间较大。为了获得分布规则的格网点而对原始数据进行插值时,容易导致原始数据精度降低,并且在平坦区域由于需要保持格网结构的规则性而产生冗余数据。TIN 模型能以不同等级的分辨率来描述地质表面。与格网模型相比,TIN 模型能够在一定分辨率条件下以更高的时间效率和空间效率描述复杂的地层界面,特别是当地质界面中含有大量特征线时,TIN 模型能够顾及特征线的约束,更精确地表达地质界面的空间形态。基于以上分析,选用 TIN 模型构建地层层面 DEM 模型。

4.2.2 Delaunay 三角剖分

4.2.2.1 TIN 三角剖分准则

构建 TIN 模型的本质是对离散数据点进行三角剖分,TIN 三角剖分准则决定三角形的几何形状和 TIN 模型的质量[48]。目前在计算几何和计算图形学领域常用的三角剖分准则主要有以下六种:

(1)空外接圆准则:TIN 模型中每个三角形的外接圆内均不包含点集中的任何一个点。

(2)最大最小角准则:由两个 TIN 模型相邻三角形构成的凸四边形中,这两个三角形中的最小内角最大。

(3)最短距离和准则:进行三角剖分时,按点到扩展边两端的距离之和最小为准则搜索与扩展边构成三角形的第三点。

(4)张角最大准则:进行三角剖分时,按点到扩展边的张角最大为准则搜索与扩展边构成三角形的第三点。

(5)面积比准则:按三角形内切圆面积与三角形面积之比或者三角形面积与周长平方之比最小为准则构建 TIN 模型。

(6)对角线准则:当两个三角形组成的凸四边形的两条对角线长度之比超过预先设定的阈值时,对这两个三角形进行对角线交换优化。

三角剖分准则是建立 TIN 模型的基本原则,应用不同的准则会得到不同的 TIN 模型[101-102]。

4.2.2.2 Delaunay 三角剖分算法

按空外接圆准则和最大最小角准则进行三角剖分可以保持三角网的唯一性,这种三角剖分称为 Delaunay 三角形剖分,简称 DT。因此,空外接圆和最小角最大是 Delaunay 三角网的两个基本性质,如图 4-7 所示。

(1)无约束 Delaunay 三角剖分算法[49]

无约束 Delaunay 三角剖分算法包括分割-合并算法、三角网生长算法和逐点插入算法。

① 分割-合并算法。分割-合并算法的思想是:首先将数据点分成易进行三角剖分的若干子集,然后在每个子集内进行 Delaunay 三角剖分,当各子集都剖分完成时,合并各子集三角网为整体三角网。

分割-合并算法的基本步骤如图 4-8 所示:

步骤 1:将原始数据递归分割为大致相等的子集[图 4-8(a)、图 4-8(b)];

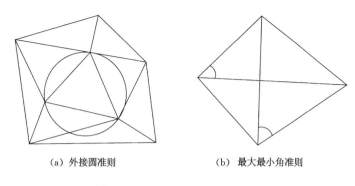

(a) 外接圆准则   (b) 最大最小角准则

图 4-7　Delaunay 三角网基本性质

步骤 2:利用凸壳算法生成每个子集的边界[图 4-8(c)];

步骤 3:对每个子集进行三角剖分,并采用 LOP 算法进行优化[图 4-8(d)];

步骤 4:寻找子集凸壳的底线和顶线,并从底线开始自下而上进行合并,形成最终的 Delaunay 三角网[图 4-8(e)、图 4-8(f)]。

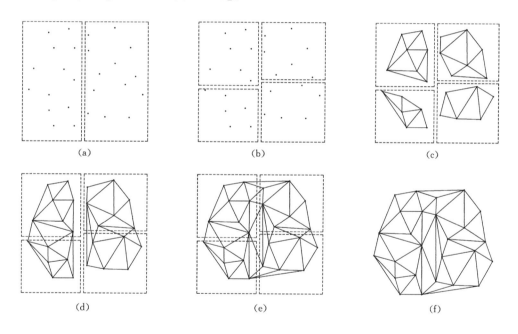

图 4-8　Delaunay 三角剖分分割-合并算法示意图

② 三角网生长算法。三角网生长算法从一条初始边或一个初始三角形开始,逐步扩展或收缩形成覆盖整个建模区域的三角网。收缩生长算法是从整个数据域的凸壳边界向内逐步收缩直至形成整个三角网,扩张生长算法是从一个三角形开始逐步外扩直至三角网覆盖整个建模区域。

如图 4-9 所示,扩张生长算法的步骤为:

步骤 1:生成初始三角形。在点集中任取两个距离最近的点相连接形成初始基线,然后利用空外接圆准则或张角最大准则在点集中寻找第三点,形成初始 Delaunay 三角形

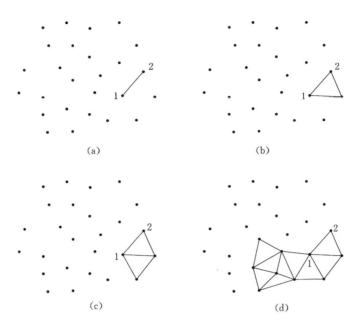

图 4-9　Delaunay 三角剖分生长算法示意图

[图 4-9(a)、图 4-9(b)]。

步骤 2：以初始 Delaunay 三角形的三条边为扩展边，为每条边寻找 DT 点，形成新的 Delaunay 三角形[图 4-9(c)]。

步骤 3：继续以新形成的 Delaunay 三角形的边为扩展边，重复步骤 2，直至所有数据均已剖分完毕[图 4-9(d)]。

③ 逐点插入算法。逐点插入算法不同于分割-合并算法与三角网增长算法，是一个动态构网过程，每个新点的插入都会导致已有三角网发生改变。

如图 4-10 所示，逐点插入算法的步骤为：

步骤 1：创建一个包含所有数据点的初始包围盒，并对该包围盒进行初始三角剖分[图 4-10(a)]。

步骤 2：插入一个新点 P，在已存在的三角网中找出包含点 P 的三角形 t，将点 P 与 t 的 3 个顶点连接生成 3 个新的三角形[图 4-10(b)]。

步骤 3：对所有点重复步骤 2[图 4-10(c)→图 4-10(d)→图 4-10(e)]。

步骤 4：用 LOP 算法优化三角网[图 4-10(f)]。

在步骤 1 中，包含所有数据的初始包围盒可以为数据域的凸壳、矩形包围盒或超级三角形。

（2）约束 Delaunay 三角剖分算法[50]

约束 Delaunay 三角剖分(constrained delaunay triangulation，简称 CDT)算法主要有约束图法、分割-合并算法、加密点算法、SHELL 三角化算法与两步法等。

① 约束图法。约束图法是 D. T. Lee 和 A. K. Lin 于 1986 年提出的 CDT 三角剖分

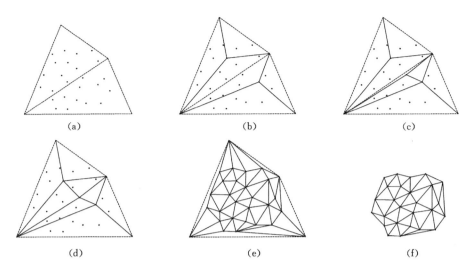

$$(a) \qquad (b) \qquad (c)$$

$$(d) \qquad (e) \qquad (f)$$

图 4-10　Delaunay 三角剖分逐点插入算法示意图

算法,基本步骤为:首先用复杂度为 $O(N^2)$ 的时间计算约束数据域的可见性图,然后再用复杂度为 $O(N^2)$ 的时间检测优化可见性图,并最终形成 CD-TIN。此方法在时间和空间效率上均较低。

② 分割-合并算法。约束数据域分割-合并算法是在非约束数据域分割-合并算法的基础上提出来的,其时间复杂度为 $O(N\log_2 N)$,虽然时间效率较高,但是在分割数据域时,由于约束线段使分割过程比较困难,并且当约束条件较多时,该方法存在很大不足。

③ 加密点算法。加密点算法首先对约束线段按空外接圆准则进行加密,然后对加密后的数据进行非约束数据域的 Delaunay 三角剖分。该算法虽然简单易实现,但加密点使数据量大幅增加,改变了原始数据集,约束线段加密处理也比较烦琐。

④ SHELL 三角化算法。SHELL 约束三角网剖分算法是非约束数据域三角网生长算法的推广,构网时从任一约束线段开始,以可见性和空外接圆特性为准则寻找可与约束线段构成 Delaunay 三角形的第三点。如何快速查找第三点是该算法的关键[50]。

⑤ 两步法。两步法是指:a. 将约束域转换为非约束域进行 Delaunay 三角剖分; b. 将约束边嵌入非约束数据域 Delaunay 三角网中,并删除多余三角形。在第一步中,可以直接使用发展较成熟的非约束数据域 Delaunay 三角剖分算法。在第二步中,可以在剖分影响域时对 Delaunay 三角网进行各种优化。

4.2.3　约束边优先的地层层面 DEM 模型构建算法

露天煤矿地层层面 DEM 模型的建模数据中,除离散点外通常存在大量约束边,如边界线、山脊线、山谷线、断层线、等值线、采场(排土场)台阶坡顶线与坡底线等,对此类数据进行三角剖分时必须保持其原有约束关系,否则生成的层面模型难以满足应用需求。

露天煤矿地层层面 DEM 模型选用 TIN 描述,在所有可能的三角网中,Delaunay 三角网在地形拟合方面最出色。在考虑有约束边存在的 CDT 算法中,分治算法采用递归分块策略使算法复杂度与数据规模呈近似线性关系,但是由于在子块合并时需要将相邻子块两侧凸包边界采用自下而上的连接算法,涉及大量复杂的判断,而使浮点数误差增大,算法稳定性较差;两步法首先对约束数据集建立非约束 Delaunay 三角网(初始三角网),然后嵌入约束线段,在约束域较简单情况下,算法效率很高,但是当约束域存在洞、岛屿或约束边界比较复杂时,该算法在去除多余三角形方面较烦琐且不稳定;加密点算法由于加密点的存在破坏了原始数据集,且该算法前期数据处理较烦琐,而使算法整体效率降低;扫描线算法首先将平面多边形域的所有顶点按扫描方式排列,然后按有序点寻找局部区域的一条边来构造新的三角形,但在实际应用中,为达到设定的优化标准,需要进行边翻转等操作,且不适合在大量离散点存在的情况下应用;边优先生长算法以非约束 Delaunay 三角网生长算法为基础,在建网过程中对约束边进行优先扩展,通常结合网格索引搜索扩展边 DT 点(能与扩展边构成 Delaunay triangle 的"第三点"),以实现快速三角剖分。

根据露天煤矿地层层面模型建模数据特点,结合露天煤矿剥采计划编制的具体需求,在边优先生长算法的基础上提出了一种改进的约束边优先 CDT 三角剖分算法。实践证明:该算法时间效率高,运行稳定,建模精度可靠,较好地满足了露天煤矿地层层面模型构建的需求。

4.2.3.1 算法思想与数据结构

(1)算法思想

算法以露天煤矿地层层面 DEM 建模数据中的约束边作为优先扩展对象,边界约束边向内收缩,边界内约束边向外扩展,直至所有边均饱和(除边界约束边外,边邻接 DT 数 2 个)为止。上述过程中,扩展边 DT 点搜索是决定算法三角剖分效率的关键因素之一,而 DT 点的查找效率取决于 DT 点搜索范围和参与 DT 点可见性判断计算的边集合规模。算法采用分块技术,并基于二维空间直线体素遍历原理建立边格网索引,使每条边只关联于其穿越的格网单元,大幅减少了参与 DT 点可见性判断计算的边数。同时,采用最小外接矩形法,将每条待扩展边 DT 点的初始搜索范围限定于该边最小外接矩形所覆盖的格网单元,从而确保算法具有较高的整体效率。

在基于露天煤矿地质、地形属性等值线构建 DEM 时,由大量平三角形(3 个顶点高程相等的三角形)构成的平坦区域会使 DEM 对地形与地质实体的空间形态表达失真,算法基于 DEM 拓扑关系,根据平坦区域内相邻三角形所构成四边形的凸凹性,分别采用顶点插入与对角边交换法修正平坦区域,提高了 DEM 对地形表达的精度。

(2)数据结构

主要数据对象包括:顶点(vertex)、边(edge)、Delaunay 三角形(DT)、约束 Delaunay 三角网(CDT)、索引格网(grid)、索引单元格(gridcell)等,数据结构如图 4-11 所示。

4.2.3.2 基于直线体素遍历原理的格网索引建立

建立格网索引就是将 DEM 离散数据域划分为大小相同的单元格,然后把离散点放

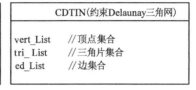

Vertex(顶点)	
vert_ID	//顶点ID
x,y,z	//顶点坐标
vert_Prop	//顶点属性:边界边上的点为1,非边界 约束边上的点为 2,离散点为3
tri_List	//邻接于顶点的三角形集合
ang_Sum	//与顶点相连的三角形中以该 点为顶点的内角和
gridCellID	//索引单元格ID

Edge(边)	
ed_ID	//边ID
vert_ID[2]	//端点ID数组
ed_Prop	//边属性:边界边为1,内部 约束边为2, 其他边为3
left_triID	//左邻三角形ID
right_triID	//右邻三角形ID
grid_List	//邻接格网索引单元集合
gridCellIdList	//索引单元格ID集合

Grid(索引格网)	
gridCell_Arr[rowNum,ColNum]	//格网索引单元数组
cellSize	//格网索引单元规格
rows_Num	//格网索引单元数组行数
cols_Num	//格网索引单元数组列数

GridCell(索引单元格)	
rt_Coor[2]	// 右上角顶点平面坐标
lb_Coor[2]	// 左下角顶点平面坐标
row_ID	// 行ID
col_ID	// 列ID
vert_List	// 关联顶点集合
ed_List	// 关联边集合

DT(Delaunay三角形)	
tri_ID	//三角形ID
vert_ID[3]	//顶点ID数组
ed_ID[3	//边ID数组

CDTIN(约束Delaunay三角网)	
vert_List	//顶点集合
tri_List	//三角片集合
ed_List	//边集合

图 4-11　约束边优先 CDT 算法主要数据结构

到其所在单元格中,把边放到其所穿越的单元格中,每个单元格均分别存储于其内部的离散点、穿越或位于该单元格内部的边,从而建立单元格、离散点、边之间的索引关系,目的是使不规则的 DEM 离散数据分布"规则化",提高 DEM 构建过程中 DT 点搜索效率。

索引单元格过大或过小都会增加查询次数而降低算法效率,经多次实验确定合理的格网单元边长为所有约束边平均边长的 1.3 倍。

建立点的格网索引比较简单:设某点的平面坐标为 (x_0,y_0),建模数据域最小外接矩形左下角点的坐标为 (x_{min},y_{min}),格网单元边长为 cellsize,则该点所在索引单元格的位置(单元格的行坐标 rowId 与列坐标 colId)可按下式计算:

$$
\begin{cases}
rowId = \left[\dfrac{y_0 - y_{min}}{cellsize}\right] \\[2mm]
colId = \left[\dfrac{x_0 - x_{min}}{cellsize}\right]
\end{cases}
\tag{4-30}
$$

建立边的格网索引时,一种较粗略的方法是用边最小外接矩形来确定边的索引单元格,如图 4-12(a)所示,图中虚线所示矩形是边 AB 的最小外接矩形,则该矩形范围内的 16 个单元格即边 AB 的索引单元格,而边 AB 实际穿越的单元格仅为图 4-12(b)中 7 个阴影单元格。

可见,用边的最小外接矩形来确定边的索引单元格范围过大,在后续 DT 点可见性判断计算中,会因为存在大量不必要的相交检测计算而影响算法效率。

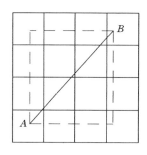
(a) 边最小外接矩形范围内的单元格

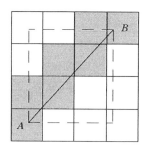
(b) 边实际穿越的单元格

图 4-12　边格网索引示意图

为了减少可见性判断时的相交检测计算量,提高算法整体效率,算法基于二维空间直线体素遍历原理建立边的格网索引[51],使每条边仅与其实际穿越的单元格建立索引关系,具体步骤如下:

(1) 确定主坐标轴。

设直线起点坐标为(x_1, y_1),终点坐标为(x_2, y_2),起点与终点 x 轴方向的距离 $\mathrm{d}x = |x_2 - x_1|$,$y$ 轴方向的距离 $\mathrm{d}y = |y_2 - y_1|$。若 $\mathrm{d}x > \mathrm{d}y$,则 x 轴为主坐标轴,否则 y 轴为主坐标轴($\mathrm{d}x$、$\mathrm{d}y$ 之间存在另外 7 种关系,此处仅以 $\mathrm{d}x > \mathrm{d}y$ 且 $x_2 > x_1$,$y_2 > y_1$ 为例,其他 7 种情况原理与此相同)。

(2) 利用式(4-30)确定边起点所在单元格。

(3) 计算边穿越的单元格。

如图 4-13 所示,边起点 V_1 相对其所在单元格左下角顶点沿 x 轴方向的距离为 x_s,沿 y 轴方向的距离为 y_s,边与起点单元格右侧边交点 V_2 相对于左下角顶点的高度 h_{y0} 为:

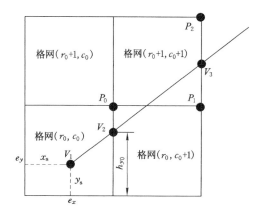

图 4-13　计算边索引单元格示意图

$$h_{y0} = y_s + (e_x - x_s)\frac{\mathrm{d}y}{\mathrm{d}x} \tag{4-31}$$

比较 h_{y0} 与起点单元格右上角顶点 P_0 高度 e_y 的关系,若 $h_{y0} > e_y$,则边穿越起点单元格的上邻单元格与右上邻单元格,否则边穿越右邻单元格。

在到达终点之前,边与其所穿越单元格的交点坐标在 x 轴方向以步长 $e_x \cdot \dfrac{\mathrm{d}y}{\mathrm{d}x}$ 递增,在 y 轴方向按下式累加计算:

$$h'_{y0} = h_{y0} + e_x \cdot \frac{\mathrm{d}y}{\mathrm{d}x} \tag{4-32}$$

在图 4-13 中,单元格坐标用行与列 ID 表示,起点单元格坐标 (r_0, c_0) 可用式(4-30)计算,交点 V_2 高度 h_{y0} 用式(4-31)计算,起点单元格 (r_0, c_0) 右上角顶点 P_0 高度为 e_y,由于 $h_{y0} < e_y$,所以边穿越单元格 (r_0, c_0) 右邻单元格 (r_0, c_0+1),然后以 (r_0, c_0+1) 为当前单元格,用式(4-32)计算交点 V_3 高度 h_{y0},单元格 (r_0, c_0+1) 其右上角顶点 P_1 高度仍为 e_y,$h_{y0} > e_y$,则边穿越当前单元格 (r_0, c_0+1) 的上邻单元格 (r_0+1, c_0+1) 与右上邻单元格 (r_0+1, c_0+2)。按以上方法计算直至边终点所在单元格,即可建立边与其实际穿越单元格之间的索引关系。

4.2.3.3　DT 点快速搜索

建立点与边格网索引的目的是提高 DT 点搜索效率,此外 DT 点搜索范围也是影响 DT 点搜索效率的关键因素。陈学工[52]等提出了一种基于最小搜索圆的 DT 点搜索算法,将 DT 点的搜索范围控制在以 1.5 倍当前扩展边长度为半径的最小搜索圆以内,在构建有 10 000 个离散点的约束三角网时,算法运行时间为 2.15 s。

采用最小外接矩形法搜索 DT 点时,时间效率优于最小搜索圆法,具体步骤如下:

(1)从边集合中取出一条非饱和边(边邻接三角形数为 1)作为当前扩展边。

(2)用式(4-30)分别计算当前扩展边起点与终点单元格,并据此确定扩展边最小外接矩形单元格范围。

(3)在步骤(2)确定的单元格范围内搜索可用 DT 点,若当前扩展边为建模边界边,则根据顶点排列方向(逆时针或顺时针)搜索位于边左侧或右侧的顶点作为可用 DT 点;若当前扩展边不是边界边,则可同时搜索边左侧与右侧的可用 DT 点。

在判断点的可见性时,可按本书建立点与边的格网索引方法动态建立新边格网索引,并只对新边索引单元格所关联的边进行相交检测计算。

(4)计算步骤(3)所有可用 DT 点中与扩展边构成 DT 的顶角,并取顶角最大者与当前扩展边构成 DT。

(5)更新顶点与边的饱和状态。点饱和状态可通过计算点角判断。点角是指与点相连的三角形中,以该点为顶点的内角和,当非边界点的点角为 360°、边界点点角与初始点角相等时(边界点的初始点角为与该点相连的两条边界线段的夹角),则该点饱和;边的饱和状态根据边邻接的三角形数确定,当边邻接的三角形数为 2 时,则该边饱和。饱和点与边不再作为后续三角剖分中的可用 DT 点与扩展边,因此将其从顶点集合与边集合中动态删除,以提高后续三角剖分效率。

(6)重复上述步骤,直至边集合为空。

4.2.3.4 LOP 优化与平坦区域处理

一般三角剖分算法得到的 TIN 并不能保证是最优的,通常需要 LOP 优化,但是对于约束 Delaunay 三角网 CDTIN 而言,由于约束边的存在,除了遵循一般 LOP 优化准则外,还应遵循以下准则[53]:

(1) 两个邻接三角形若不满足空圆准则应交换对角线,但是如果对应对角线是约束边可不优化。

(2) 若三角形的外接圆中不存在同时满足三角形三个顶点都理想可见的顶点,则该三角形仍为 DT,不需要优化。

受三角形几何特征与约束边数据特征限制,在基于地质属性等值线或地形等高线构建 DEM 时,存在由大量平三角形(三角形的 3 个顶点属性值相等)构成的平坦区域,如图 4-14 所示。平坦区域的存在使 DEM 对露天煤矿地形的表达失真,因此为了获得正确的 DEM,除进行局部 LOP 优化外还应对平坦区域进行修正。

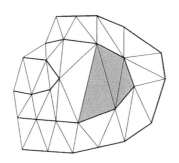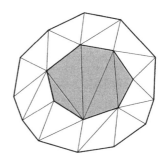

(a) 约束线间平坦区域   (b) 闭合约束线内平坦区域

图 4-14　DEM 平坦区域示意图

对于露天煤矿 DEM 而言,在一条闭合约束线(地质属性等值线、地形等高线、台阶坡顶或坡底线)内出现平三角形的主要原因是在闭合约束线内缺少离散的特征点,如果以地形等高线或地质属性等值线为约束构建 DEM,可以通过手动增加特征点来解决闭合等高线内平三角形问题;若以台阶坡顶或坡底线为约束构建露天煤矿 DEM,在闭合台阶线内出现平三角形表示该闭合台阶线内高程无明显变化,可认为是对露天煤矿地形的正确描述。因此,只考虑对两条约束线之间的平坦区域进行修正。

平坦区域修正算法主要包括数据概化修正法、特征修正法和平坦区域搜索修正法[54-56]。

① 数据概化修正法通过减少约束线上的采样点并增加采样点之间的距离来最大限度减少平三角形,此方法以原始采样数据损失为代价,但也不能完全避免平三角形的出现。

② 特征修正法通过插入特征点与特征线消除平三角形,然而特征线的提取比较复杂,而且此类算法需要插入大量特征点,导致三角网重构工作量较大,修正效率较低。

③ 平坦区域搜索修正法首先搜索约束线间存在的平坦区域,然后根据相邻三角形所构成四边形的凸凹性,采用插入点或交换边实现平坦区域的处理,此类算法在修正平坦

区域时,在遇到内部平三角形(三条边都不是约束线的平三角形)后会出现路径二义性问题,对算法修正速度有一定影响。通过引入缓存栈,对平坦区域搜索修正法进行了改进,较好地解决了搜索路径二义性问题,提高算法效率。

图 4-15(a)中阴影部分为平坦区域(其中 t_v 是与平坦区域邻接的内部非平三角形,$t_1,t_2,\cdots,t_7$ 为平三角形,t_5 为内部平三角形),应用改进的平坦区域搜索修正法进行修正的具体步骤如下:

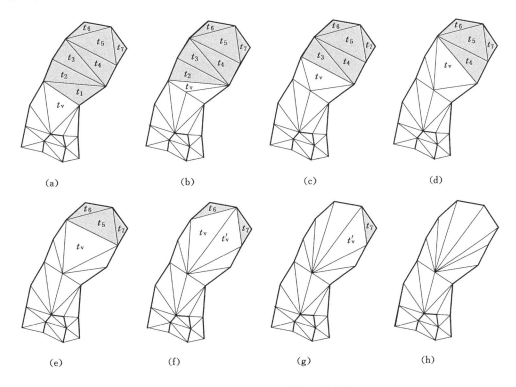

图 4-15 DEM 平坦区域修正示意图

(1) 内部非平三角形 t_v 与平三角形 t_1 构成凹四边形,因此,在 t_v 与 t_1 公共边上插入中点(该点高程采用距离幂次反比法计算),将凹四边形分裂为 4 个三角形,修正后 DEM 如图 4-15(b)所示。

(2) 分裂后的 4 个三角形中,与 t_2 邻接的三角形为与残留平坦区域邻接的内部非平三角形 t_v,t_v 与 t_2 构成凸四边形,因此交换 t_1 与 t_v 公共边,修正后的 DEM 如图 4-15(c)所示。

(3) 图 4-15(d)修正方法同(2)。

(4) 图 4-15(e)中与 t_v 邻接的三角形 t_5 为内部平三角形,交换 t_v 与 t_5 公共边后得到 2 个分别与平三角形 t_6、t_7 邻接的内部非平三角形 t_v 与 t'_v(存在二义性搜索路径),此时建立一个内部非平三角形缓存栈,将 t_v 与 t'_v 压入缓存栈。

(5) 依次弹出缓存栈栈顶三角形 t'_v 与 t_v,交换 t'_v 与 t_7、t_v 与 t_6 公共边,结果如图 4-15(g)和图 4-15(h)所示,此时平坦区域所有平三角形已全部修正,算法结束。

4.2.3.5 算法分析与应用

表4-2所列为上述算法与文献[52]、文献[104]算法在相同实验环境(Windows 7 中文旗舰版 SP1 操作系统,Intel I Core I i7-2720QM CPU 2.20 GHz,4GB DDR3 内存)下,用5组数据构建 DEM 的运行时间(其中第4组、第5组数据是基于地形等高线的 DEM 数据,无离散的特征高程点)。

表 4-2　CDT 三角剖分算法时间效率分析

组别	建模源数据		CDTIN 三角形 /个	运行时间/s		
	离散点/个	约束边/条		本书算法	文献[104]算法	文献[52]算法
1	3 799	1 893	10 987	15.272	19.69	22.23
2	6 972	4 121	21 633	25.752	32.338	47.673
3	14 658	11 695	51 765	51.875	84.957	167.232
4	—	1 109	2 111	3.276	5.416	6.021
5	—	39 323	77 696	87.984	116.875	206.233

由表4-2可知:在不同特征、不同规模数据条件下,约束边优先的三角网剖分算法时间效率高于文献[52]与文献[104]算法。其中文献[104]算法与本书所述算法 DT 点搜索范围是一致的,但是在建立边格网索引时,文献[104]根据边最小外接矩形来确定边的索引单元格范围,在后续建网过程中判断 DT 点相对于扩展边的可见性时,由于存在大量不必要的相交检测计算而影响算法的整体效率;文献[52]算法基于最小搜索圆确定 DT 点搜索范围,较本书所述最小外接矩形法的范围大,DT 点搜索时参与计算的点与边数较多,计算量较大,使算法效率降低。

图4-16为应用约束边优先的三角剖分算法生成的地形 DEM 二维视图。图4-17为应用约束边优先的三角剖分算法生成的露天煤矿现势 DEM 与采场计划 DEM 三维渲染图。

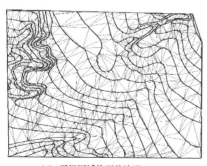 

(a) 平坦区域修正前地形DEM　　　　　(b) 平坦区域修正后地形DEM

图 4-16　地形 DEM 二维视图

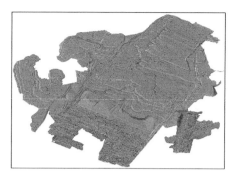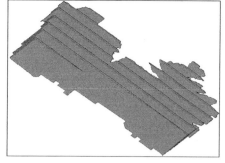

(a) 采场与排土场现势 DEM   (b) 采场计划 DEM

图 4-17 露天煤矿现势 DEM 与计划 DEM 三维渲染图

4.3 基于地层层面 DEMs 的三维地层模型构建

4.3.1 地层侧面边界三角网构建

Delaunay 三角剖分算法仅适用于平面三角剖分,在采用缝合地层层面 DEMs 构建三维地层模型时,常需要根据两个相邻地层层面 DEM 的边界构建地层侧面边界三角网,即在上下两个相邻的地层层面 DEM 外边界轮廓线之间构建 TIN,此时 Delaunay 三角剖分算法就不再适用了[57]。

对于地层侧面边界三角网来说,已不再属于 Delaunay 三角网(不满足 Delaunay 三角网的空外接圆准则和最大最小角准则)。为了避免所构建的三角网出现表面扭曲变形和对原始结构的描述失真等问题,可采用体积最大法、表面积最小法或最短对角线法等进行侧面边界三角网的构建。

最短对角线法以上、下边界轮廓线对应顶点连线长度之和最小为目标,该算法构建侧面边界三角网的基本原理:如图 4-18 所示,两条边界线 $PL1$,$PL2$,顶点集合分别为 $P(PL1) = \{P_1, P_2, \cdots, P_m\}$,$P(PL2) = \{Q_1, Q_2, \cdots, Q_n\}$,由 $PL1$ 和 $PL2$ 构建的三角网 T 的 L 条有序边集合 $E(T) = \{E_1, E_2, \cdots, E_k, \cdots, E_L\}$,其中

$$\begin{cases} E_1 = (P_1, Q_1) \\ \qquad \vdots \\ E_k = (P_i, Q_j) \\ \qquad \vdots \\ E_L = (P_m, Q_n) \end{cases} \tag{4-33}$$

$E_k = (P_i, Q_j)$,当 $|P_i Q_{j+1}| < |P_{i+1} Q_j|$ 时,$E_{k+1} = (P_i, Q_{j+1})$;当 $|P_{i+1} Q_j| < |P_i Q_{j+1}|$ 时,$E_{k+1} = (P_{i+1}, Q_j)$。

也就是说,按最短对角线法构建的侧面边界三角网中的三角形边长之和应该是所有

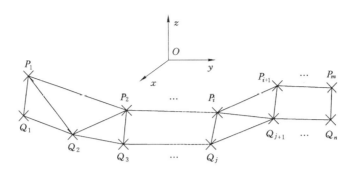

图 4-18　最短对角线法示意图

可能剖分方案中最小的，即 $\sum_{i=1}^{L} |E_i|$ 最小。

当上、下边界线闭合且存在较大的偏移距离时，用最短对角线法构建的三角网可能会使对侧面边界的描述失真，如图 4-19 所示。此时需将两条闭合边界线进行虚拟对中处理，确定顶点之间的对应关系，以此关系为参照构建两条边界线间的三角网。

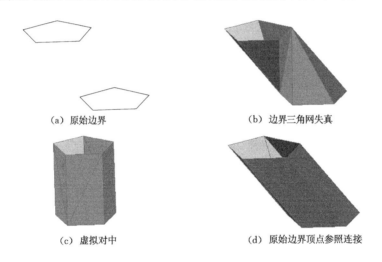

（a）原始边界　　　　　　　　　　　（b）边界三角网失真

（c）虚拟对中　　　　　　　　　　（d）原始边界顶点参照连接

图 4-19　最短对角线法失真修正示意图

4.3.2　地层层面 DEMs 缝合

相邻地层表面 DEMs 缝合前要获取每一个地层层面 DEM 的外边界，以 TIN 描述的 DEM 模型外边界点的获取可采用 5.1 节提到的 TIN 拓扑重构算法，以 TIN 中三角片的某一条边的邻接三角形是否为空为条件，即可快速获取 DEM 的外边界线。

获取相邻地层层面 DEMs 的外边界线后，应用 4.3.1 节所述基于最短对角线的地层侧面边界三角网构建算法，即可完成三维地层模型的构建。

图 4-20 为地层层面 DEMs 缝合示意图。

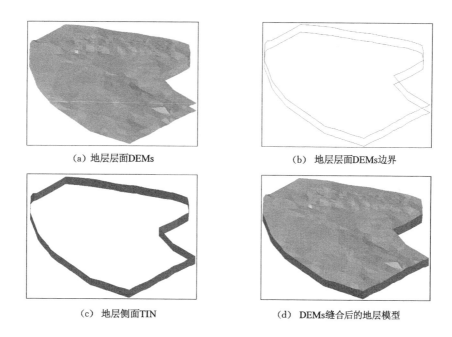

（a）地层层面DEMs   （b）地层层面DEMs边界

（c）地层侧面TIN   （d）DEMs缝合后的地层模型

图 4-20   地层层面 DEMs 缝合示意图

4.4   基于八叉树的三维矿床块体模型构建

三维矿床块体模型对矿体内部属性具有较强的描述能力，便于实现储量、剥采工程量计算与空间分析，因此，在已构建的三维地层模型的基础上，选择基于体元的块体模型来描述矿体的内部属性。

规则块体模型是一种无约束的三维栅格模型，建模时首先根据地质勘探网、开采方法、地质统计学等对块体大小的要求确定三维栅格的规格；然后沿 x 轴、y 轴、z 轴方向将矿体最小包围盒划分为指定规格的长方体单元块；最后基于地质采样数据，采用地质统计学方法给每个单元块赋属性值。

三维栅格模型中每个规则体元的位置隐含表示、数据结构简单、图形运算操作方便，但是对空间建模对象描述精度较低（尤其在边界处）。当为了提高建模精度而降低体元规格时，数据量较大，计算速度较慢。三维栅格模型一般不用来直接表示空间建模对象，通常作为处理过程中的间接表示。

八叉树结构是四叉树结构在三维空间中的拓展，可对三维栅格模型进行压缩，同样条件下，八叉树结构块体模型所需存储空间仅为三维栅格模型的 10%～30%。八叉树结构将建模对象目标空间划分为 8 个象限，每一个象限均代表八叉树的一个结点。如图 4-21 所示，建模时从八叉树根结点开始，如果该结点与建模对象形成的三维空间不相交（位于建模对象三维空间的外部），将其定义为空节点；如果该结点位于建模对象三维空间的内部，将其定义为黑节点；否则，将其定义为灰节点，灰节点继续沿 x 轴、y 轴、z 轴三个方向分割为 8 个子结点,如此递归判断、分割,直至结点为空节点或黑节点,或者达到预先定义的块体最小尺寸为止。虽然八叉树结构的空间分解能力较强且空间存储效率较高,但由于八叉树结构失去了三维栅格结构的规则性,从而需要设计合理的八叉树结构模型编码方案并采用高效的数据管理技术以提高八叉树节点的查询效率。

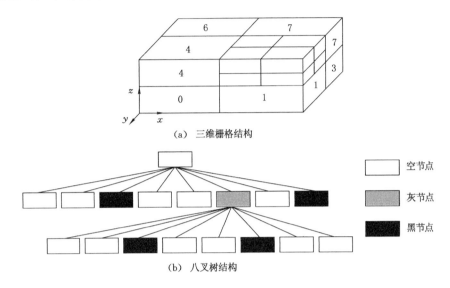

(a) 三维栅格结构

(b) 八叉树结构

图 4-21 用八叉树结构描述空间对象示意图

4.4.1 八叉树结构编码方法

常用的八叉树编码方法包括指针八叉树编码、线性八叉树编码、深度优先编码和三维行程编码。① 深度优先编码和三维行程编码的空间压缩效率较高,但查询效率较低。② 指针八叉树编码的查询速度较快,但空间存储效率较低,不适用于海量地质数据块体模型的管理。③ 线性八叉树编码方法实现简单,但是编码和排序阶段耗时较长,尤其对于空间范围较大的地质模型,很难满足实际应用需求[58]。

针对传统线性八叉树编码方法存在的编码和排序时间效率较低问题,采用根据计算节点在其长辈节点中的位置码来确定节点的定位码对线性八叉树编码方法进行改进,弥补了传统线性八叉树编码方法存在的不足。

(1) 八叉树节点深度

八叉树模型是通过对建模对象初始包围盒进行递归节点划分形成的,每个节点在 x 轴、y 轴、z 轴方向的尺寸分别定义为节点的长、宽、高,将八叉树根节点的分割级数定义为节点的深度,可按式(4-34)计算:

$$d = \log_2 \frac{L_{\text{root}}}{L} \tag{4-34}$$

式中 L_{root}——八叉树模型根节点的长度;

L——当前节点的长度;

d——当前节点的深度。

（2）节点在父节点中的位置码

如图 4-22 所示，在八叉树模型中，将一个节点划分成 8 个子节点，每个子节点可以用其空间位置码 $0,1,\cdots,7$ 来表示。三元组 (C_x,C_y,C_z)、(c_x,c_y,c_z) 分别表示父节点与子节点的中心点坐标，则子节点的空间位置码 pos 可按式（4-35）确定。

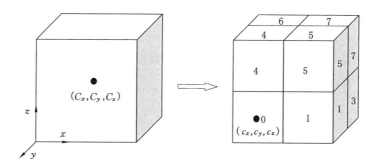

图 4-22　八叉树节点位置码示意图

$$
\text{pos} =
\begin{cases}
0 & (c_x < C_x, c_y < C_y, c_z < C_z) \\
1 & (c_x > C_x, c_y < C_y, c_z < C_z) \\
2 & (c_x < C_x, c_y > C_y, c_z < C_z) \\
3 & (c_x > C_x, c_y > C_y, c_z < C_z) \\
4 & (c_x < C_x, c_y < C_y, c_z > C_z) \\
5 & (c_x > C_x, c_y < C_y, c_z > C_z) \\
6 & (c_x < C_x, c_y > C_y, c_z > C_z) \\
7 & (c_x > C_x, c_y > C_y, c_z > C_z)
\end{cases}
\tag{4-35}
$$

（3）八叉树节点的定位

确定八叉树节点定位码的思路：

① 将八叉树根节点的空间位置码定义为 8；

② 从根节点开始计算待定节点在根节点……曾祖父、祖父、父节点中的空间位置码；

③ 用八进制数表示待定节点位置码，将上一步获得的位置码按"家谱"顺序（该节点在八叉树模型中的八进制定位码）排列。

基于上述方法确定的八叉树节点编码与该节点的深度关系为：

$$
s - d = 1 \tag{4-36}
$$

式中　s——节点编码长度；

　　　d——节点深度。

八叉树模型节点定位码的编制步骤如下：

① 计算节点深度 d；

② 从深度 1 开始，依次确定节点在其长辈节点中的位置码；

③ 将所有位置码按照"家谱"顺序排列即可确定该节点的定位码。

图 4-23（a）为对象空间三维栅格模型，图 4-23（b）为八叉树模型。按照上述方法，图

中黑色节点在三维栅格模型中的位置为$(7,7,1)$,与其对应的 Morton 码 $M_{(8)}=337$,此 Morton 码含义为:该节点在其父亲节点中的位置码为7,其父亲节点在其祖父节点中的位置码为3,其祖父节点在其曾祖父节点中的位置码为3,其曾祖父的父亲节点为根节点,故此节点在八叉树中的编码为 $M_{(8)}=8337$(根节点编码为8)。

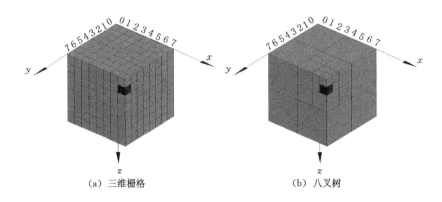

(a) 三维栅格   (b) 八叉树

图 4-23 八叉树编码示意图

4.4.2 八叉树块体模型构建

基于八叉树构建块体模型的具体步骤如下:

(1) 确定八叉树根节点。基于八叉树的块体模型是在地层表面模型的基础上形成的,八叉树的根节点就是包围该地层表面模型的 AABB 包围盒。假设地层层面模型沿 x 轴、y 轴、z 轴方向所占据的空间范围分别为$(x_{\min},x_{\max})$、$(y_{\min},y_{\max})$、$(z_{\min},z_{\max})$,则其 AABB 包围盒是以这 6 个值为基点形成的一个包围复杂矿体的正六面体,如图 4-24 所示。该包围盒作为八叉树的根节点,其 Morton 码为 8。

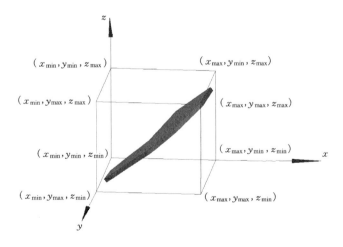

图 4-24 地层层面模型 AABB 包围盒

(2) 预定义块体模型中常规块体尺寸 RegBlockSize、次级块体尺寸 BlockMinSize,通常 RegBlockSize 为勘探线网度的 1/2~1/4,BlockMinSize 定义为 RegBlockSize 的 1/2。

（3）对根节点进行递归剖分,并根据地层层面模型与子节点块体的相交情况确定是否继续细分八叉树节点。

① 若八叉树节点完全位于地层层面模型的外部,则该节点为空节点,作为八叉树叶子节点不再继续细分。

② 若八叉树节点完全位于地层层面模型的内部,且其尺寸 BlockSize＝RegBlock-Size,则该节点为黑节点,也作为叶子节点不再细分,否则将其继续细分至预先定义的最小块尺寸 BlockMinSize 为止。

③ 若节点既不在地层层面模型的外部,也不在其内部,此时节点块体与地层层面模型相交,若节点块体的尺寸 BlockSize 满足 BlockMinSize＜BlockSize＜RegBlockSize 或 BlockSize＞RegBlockSize,则将该节点继续细分至预定义最小块体尺寸 BlockMinSize,否则该节点作为叶子节点不再细分。

④ 不满足上述条件时,将节点继续细分,直至不大于预定义的块体尺寸 RegBlock-Size。

位于边界处的最小块体可根据其中心点位于地层表面模型的内部或外部确定块体的矿岩属性值。

八叉树块体模型构建流程如图 4-25 所示。图 4-26 为按以上流程构建的地层八叉树块体模型。

4.4.3　单元块属性赋值

八叉树块体模型构建完成之后,为了便于在编制剥采计划时分类计算矿产量,需要对单元块进行属性赋值,确定每个单元块的矿岩属性。

单元块属性赋值基于单元块中心点与地层模型的空间位置关系:若单元块中心点位于地层模型空间范围内,则将单元块属性设置为该地层属性。为了判断单元块与地层模型的空间关系,需要基于地层模型的顶、底面 TIN 插值计算单元块中心点在顶、底面 TIN 上的高程值。

基于地层顶、底面 TIN 插值计算单元块中心点高程时,首先要确定待插值顶点落在 TIN 中哪个三角片内,采用本书 4.2.3.2 节算法建立 TIN 与所有单元块中心点的统一格网索引,然后根据点与三角形位置关系判断算法,遍历与待插值的单元块中心点邻接于同一个格网索引的三角片,即可实现顶点的快速定位。

点与三角形位置关系判断采用向量差积法,如图 4-27 所示,设点 M 与$\triangle ABC$ 3 个顶点所构成的向量分别为$\overrightarrow{MA}$、$\overrightarrow{MB}$和$\overrightarrow{MC}$,则可按以下规则判断点是否位于三角形内部:

（1）满足以下条件之一时,点 M 位于$\triangle ABC$内部:

① $\overrightarrow{MA}\times\overrightarrow{MB}>0,\overrightarrow{MB}\times\overrightarrow{MC}>0$ 且 $\overrightarrow{MC}\times\overrightarrow{MA}>0$；

② $\overrightarrow{MA}\times\overrightarrow{MB}<0,\overrightarrow{MB}\times\overrightarrow{MC}<0$ 且 $\overrightarrow{MC}\times\overrightarrow{MA}<0$。

（2）满足以下条件之一时,点 M 位于三角形边上:

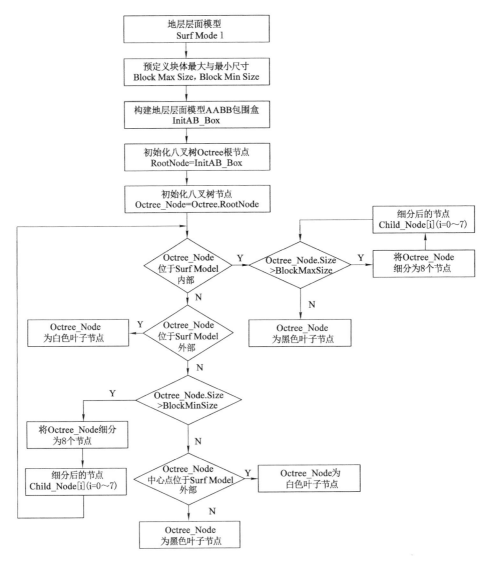

图 4-25 八叉树块体模型构建流程图

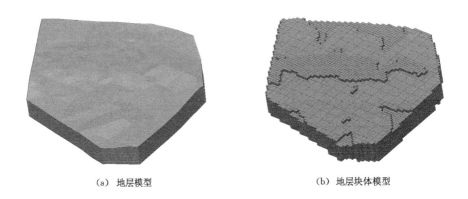

（a）地层模型   （b）地层块体模型

图 4-26 地层八叉树块体模型

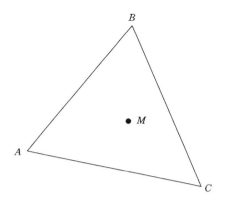

图 4-27 点与三角形位置关系判断示意图

① $\overrightarrow{MA} \times \overrightarrow{MB} = 0$；

② $\overrightarrow{MB} \times \overrightarrow{MC} = 0$；

③ $\overrightarrow{MC} \times \overrightarrow{MA} = 0$。

（3）以上均不满足时，点 M 位于 $\triangle ABC$ 外部。

确定点的位置后，即可利用三角形 3 个顶点所构成的平面方程计算顶点高程值。已知 $\triangle ABC$ 3 个顶点的坐标分别为 $(x_A, y_A, z_A), (x_B, y_B, z_B), (x_C, y_C, z_C)$，由此可确定平面法向向量 $\boldsymbol{n}$ 为：

$$\begin{cases} \boldsymbol{n} = a\mathbf{i} + b\mathbf{j} + c\mathbf{k} \\ a = (y_B - y_A)(z_C - z_A) - (z_B - z_A)(y_C - y_A) \\ b = (z_B - z_A)(x_C - x_A) - (x_B - x_A)(z_C - z_A) \\ c = (x_B - x_A)(y_C - y_A) - (y_B - y_A)(x_C - x_A) \end{cases} \tag{4-37}$$

则点 M 的高程 z_M 为：

$$z_M = z_A - \frac{a(x_M - x_A) + b(y_M - y_A)}{c}$$

设单元块在块体模型中的中心点坐标为 (x_0, y_0, z_0)，经插值计算得到的单元块中心点在岩层顶、底面 TIN 上的高程值为 $z_顶$、$z_底$，则：

① $z_底 \leqslant z_0 \leqslant z_顶$，则为该单元块赋属性值"岩石"；

② $z_0 < z_底$ 或 $z_0 > z_顶$，则保留该单元块原属性值。

4.5　本章小结

① 对传统地质数据插值方法进行了总结与分析；针对传统地质数据插值方法存在的外推能力差、边界误差大、通用性缺乏等不足，提出了一种 PSO-RBF 神经网络地质数据插值方法，建立了 RBF 神经网络插值模型；基于 MATLAB 软件平台进行了数据仿真实验，通过与普通克里金法插值结果的对比分析，证明了该方法的正确性、有效性和先进性。

② 根据露天煤矿地层层面模型建模数据特点与建模需求,设计了一种约束边优先的DEM 模型快速构建算法;针对以往算法中 DT 点搜索效率较低的问题,采用二维空间直线体素遍历原理建立边的格网索引,并采用最小外接矩形法缩小 DT 点搜索范围,提高了建模过程中 DT 点的搜索效率。

③ 针对地层层面 DEM 中存在平坦区域而导致模型对地层空间形态表达失真问题,提出了一种改进的平坦区域修正算法,该算法基于 TIN 拓扑关系,根据平坦区域内邻接三角形所构成四边形的凸凹性,分别采用顶点插入与对角边交换法对平坦区域进行修正,提高了 DEM 对地质对象的描述精度与正确性。

④ 采用八叉树结构构建了露天煤矿矿床块体模型,通过改进线性八叉树编码方法实现对块体模型的压缩存储,并基于单元块中心点与地层模型的空间逻辑关系对块体的属性赋值。

5 露天煤矿数字化开采模型应用技术研究

TIN 拓扑重构、等值线追踪、地层层面 DEM 求交、裁剪、更新以及剥采工程量计算等是露天煤矿数字化开采模型在后续应用中的技术基础。本章将对上述内容展开研究,提出并设计相关算法。

5.1 基于散列函数的 TIN 拓扑快速重构技术研究

采用 TIN 描述的地层层面 DEM 模型在露天煤矿剥采计划编制中的应用包括:等值线追踪、TIN 求交、DEM 裁剪与局部更新等。在上述应用中都需要确定 TIN 模型中顶点、边、面(三角片)之间的拓扑关系,TIN 拓扑重建的效率及其正确性,是地层层面模型后续应用基础问题。

TIN 拓扑重建主要包含两个方面工作:一是顶点聚合,即将 TIN 中三角片所包含的重复顶点唯一化;二是重复边的合并,即合并两个端点完全相同的边,从而可根据 TIN 中三角片间的公共边,建立三角片之间的毗邻关系。顶点聚合效率取决于顶点查询序列构造和重复顶点查询的效率。

张宜生等[59]、崔树标等[60]提出了三轴分块排序的几何搜索算法用于重复顶点的剔除,由于在划分小区域排序空间时提高了复杂度,且需要采用二分法查询顶点坐标,使其只适应小数据量模型。

刘金义等[61]采用平衡二叉树进行重复顶点的快速滤除,该算法较适合动态数据,且其统计性能低于红黑树。

戴宁等[62]、张必强等[63]也采用了平衡二叉树(AVL)顶点聚合算法,张必强等在顶点归并和边的建立算法中采用点、边、面的数据结构,与半边结构相比具有一定局限性,戴宁等则首先通过新建 V-F 结构去除重复顶点,再用虚 AVL 树进行快速邻边搜索,由于需要生成 V-F 的中间过渡结构,影响了算法的整体运算效率。

安涛等[64]提出了一种基于红黑树的顶点归并算法,但红黑树在动态创建过程中需要耗费的时间较平衡二叉树高,使算法整体效率提高有限。

王勇等[65]、成学文等[66]、赵歆波等[67]、潘胜玲等[68]利用散列表进行重复点的合并,但是当数据量较小时,效率比平衡二叉树略低且不能充分利用分配给散列表的内存空间,并且散列表算法具有 $O(N)$ 的时间复杂度,因此更适合较大数据量的模型。

重复边合并是 TIN 拓扑重构中的另一个关键问题,主要取决于 TIN 存储数据结构的设计。本书设计并实现了一种 TIN 拓扑快速重构算法,可广泛应用于大数据量条件下的 TIN 拓扑重构。

5.1.1 基于散列函数与 AVL 树的 TIN 顶点聚合

顶点聚合算法可分为直接法、平衡二叉树法和散列法 3 种,其中直接法的时间复杂度为 $O(N^2)$(N 为 TIN 顶点个数),平衡二叉树法的时间复杂度为 $O(Nlog_2N)$,而散列法在理想情况下的时间复杂度为 $O(N)$,尤其适用于数据量较大的模型。根据算法应用领域的数据特点,选择散列法实现顶点聚合。

(1)散列函数设计

散列又称为哈希(Hash),是数据结构中一种高效的数据查找方法。其基本思想是:以数据记录关键字 key 为自变量,通过散列函数 H 计算 H(key)的值 Index(散列地址),将数据记录存入 Index 所对应的存储位置。查找时根据数据记录关键字用同样的函数 H 计算存储位置 Index,然后到相应的存储位置查找所需数据。按照上述思想建立的表称为散列表,散列表的一个位置称为一个槽[69]。

常用的散列函数构造方法有:直接定址法、数字分析法、平方取中法、折叠法、除留余数法、随机数法等。对散列函数的主要指标要求为:① 函数设计要简单,以保证计算速度快;② 最大槽长度和平均槽长度都尽可能小;③ 平均查找长度尽可能小;④ 散列表的装填因子尽可能大,即散列表的利用率高;⑤ 散列表发生冲突的可能性小。

结合 TIN 中顶点坐标的特征,并综合考虑对散列函数的各项指标要求,算法中顶点聚合采用的散列函数为:

$$Index = int((\alpha X + \beta Y + \gamma Z)C + 0.5)\&T \tag{5-1}$$

式(5-1)中:① α、β、γ 为三角片顶点坐标(X,Y,Z)的系数,α、β、γ 的取值直接影响散列函数的性能,B.Jean[7]通过大量实验研究认为 $\alpha=3$、$\beta=5$、$\gamma=7$ 较合理;② C 为比例系数,一般按充分利用计算机所能表达的整型数的字长范围确定。

为充分利用有效的存储空间,并防止溢出和提高装填因子值,C 值一般可通过如下步骤确定:① 计算三角形顶点的最大坐标 X_{max}、Y_{max}、Z_{max},则 $\xi_{max}=\alpha X_{max}+\beta Y_{max}+\gamma Z_{max}$;② $C=min\{C_1,C_2\}$,其中 $C_1\xi_{max}\leqslant2^{32}-1$,$C_2=2^{32}-2^k$;③ T 为散列表的长度,一般是计算机所能表达的整型数的范围,其值在$(0,2^k)$之间。若散列表的长度为 1 024,则 $T=$ 1 023,$k=10$。

(2)"冲突"处理

均匀的散列函数可以减少"冲突"的出现次数,但是一般情况下并不能完全避免。解决"冲突"的常用方法有四种:开放定址法、再哈希法、链地址法和公共溢出区法[69]。

本书 TIN 拓扑重构算法在处理顶点散列地址"冲突"时采用了链地址法,为了提高顶点查找效率,辅以 AVL 树对位于散列表同一个槽内的顶点进行动态排序处理[70]。

5.1.2 改进的半边数据结构设计

5.1.2.1 存储 TIN 的数据结构及其特点

TIN 的存储不但要存储几何信息,而且要存储拓扑信息,即既要存储 TIN 中点、边、面(三角片)在空间直角坐标系中的位置和大小的信息,又要存储 TIN 中点、边、面(三角片)之间的邻接关系,满足这种存储要求的数据结构有三种——基于顶点表示的数据结构、基于三角片表示的数据结构、基于边表示的数据结构。

基于顶点表示的数据结构由顶点 ID、顶点坐标及顶点邻接关系表构成,这种数据结构的最大特点是所需存储空间小,编辑方便,但是由于三角片及邻接关系需要实时生成,TIN 检索效率较低。

基于三角片的数据结构主要由顶点三维坐标、三角片及邻接三角片等三个链表构成,其最大特点是顶点检索效率较高,但是需要的存储空间较大,且对顶点、边和三角片进行编辑时较不方便[71]。

基于边表示的数据结构有:翼边结构(winged-edge structure)、四边结构(quad-edge structure)、半边结构(half-edge structure)、辐射边结构(radial-edge structure)。

(1)翼边结构[72]

1975 年美国斯坦福大学 B. G. Baumgart 在多面体的表示模式中首次提出翼边结构。如图 5-1 所示,翼边结构是一种基于边表示的数据结构,用指针记录每一条边的两个相邻面(左外环和右外环)、两个顶点以及两侧各自相邻的两个邻边(左上边、左下边、右上边和右下边),虽然在表示多面体模型时这种数据结构是完备的,但是它不能用来表示带有精确曲面边界的实体。

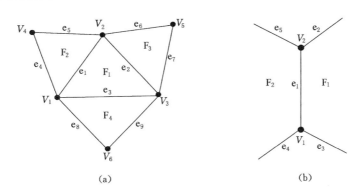

图 5-1　翼边结构示意图

在翼边结构中,顶点、边、面(三角片)之间的拓扑关系可以通过推理求得。

(2)四边结构[73]

四边结构由 L. Guibas 和 J. Stolfi 于 1985 年提出,将每一条边分解成 4 个 Quad-edge,如图 5-2 所示,无论是在对偶图上还是在原始图上,四边结构都是一个对称结构。

这种数据结构最大的特点是在每一条有向边中都存储了几何与拓扑数据,在具体操作时仅通过改变一条有向边起点几何信息和绕起点逆时针旋转的下一条边的拓扑信息就可以快速建立整个表面模型,同时能够方便地对模型中同一起点的所有边以及逆时针环绕某一三角片的所有边进行遍历,但是由于点的拓扑信息不足,而使得搜索点时存在一定的困难。

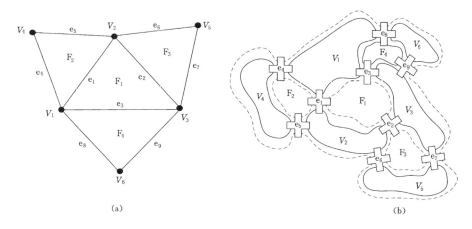

图 5-2　四边结构示意图

（3）半边结构[74-75]

半边结构是 C. Eastman 等在翼边结构的基础上改进而来的，其核心思想是将每条完整边拆分成两条逆向的有向半边（half-edge）。

TIN 中每个三角片由 3 条首尾相连的有向半边组成，两个相邻的三角片一定存在一对重合的方向相反的半边，称为伙伴半边，两个伙伴半边构成一条整边。每条半边属于某个具体的三角形，每个三角形有三条半边，三角形中三条半边可以按逆时针（或顺时针）排列。每条半边包括三个成员：半边顶点（通常为终点），该半边所在三角形的下一条邻接半边，以及该半边的伙伴半边。

图 5-3（a）所示 TIN 模型，其半边数据结构如图 5-3（b）所示。

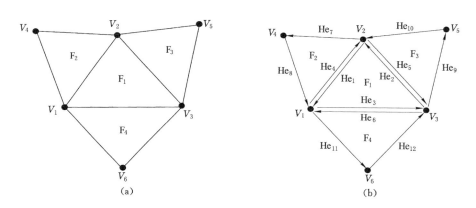

图 5-3　半边结构示意图

经典半边结构中顶点、边（半边）、面（三角片）等数据对象的定义如图 5-4 所示。

（4）辐射边结构[76]

辐射边结构是 K. Weiler 于 1986 年提出主要用来表示非正则形体的一种数据结构，本书中讨论的 TIN 均属于正则形体，因此不考虑辐射边结构。

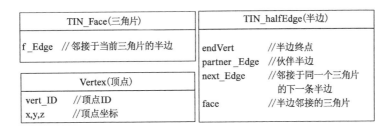

图 5-4 经典半边数据结构定义

5.1.2.2 TIN 拓扑数据结构设计

在上述几种数据结构中,半边结构可以使 TIN 中三角片邻接关系更容易表示,且顶点查询效率高,点、边、面的编辑也较方便,因此选择半边结构存储 TIN,并根据应用需要对其进行改进。

图 5-5 为改进后的半边结构中顶点、边(半边)、三角片的数据结构定义。

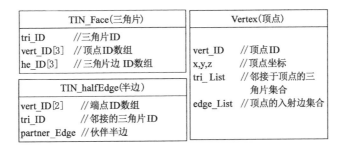

图 5-5 改进的半边数据结构定义

5.1.3 基于散列函数与改进半边结构的 TIN 拓扑重构

TIN 拓扑重构的两个主要任务分别为顶点聚合与重复边合并。顶点聚合是指将 TIN 中每条边或每个三角片所包含的重复顶点唯一化;重复边合并是指根据所采用的改进的半边结构,将两个端点完全相同的半边设置成伙伴半边,从而建立"边-边""边-面(三角片)"邻接关系。

算法首先通过散列函数计算顶点的散列地址,当顶点散列地址有"冲突"时,用链地址法结合 AVL 树进行顶点聚合。在顶点聚合的同时,通过为每个顶点建立一个入射半边索引表完成重复边合并,重建 TIN 拓扑结构。

TIN 拓扑重构步骤如下:

(1) 从 TIN 中读入一个三角片 F_i。

(2) 应用式(5-1)所示散列函数计算 F_i 三个顶点 V_1、V_2、V_3 散列地址。若散列表中此地址槽链表非空,判断当前顶点与该地址槽内的其他顶点是否重合,若不重合,为此顶点设置 ID 为 num+1(num 非重复顶点数),并将其插入该地址槽内的顶点链表中;若重合,将此顶点 ID 设置为与其重合的顶点 ID。

（3）如图 5-6 所示，F_i 中半边 He_1 的两个顶点 V_1，V_2 均存在重合顶点，则对半边 He_1 进行合并（找出与 He_1 端点相同但方向相反的半边，即伙伴半边）。

（4）He_1 以 V_1 为起点，其伙伴半边一定以 V_1 为终点，故只需在 V_1 的入射半边表中根据半边端点 ID 是否相等查找 He_1 的伙伴半边即可。如图 5-6 所示，V_1 的入射半边表包括半边 H_4，H_5，H_6，H_7，其中 H_4 与 He_1 的端点重合且方向相反，因此 H_4 为 He_1 的伙伴半边。

（5）更新相应顶点的入射半边表。以图 5-6 为例，将 H_4 从 V_1 的入射半边表中删除（不会再出现 H_4 的伙伴半边），同时需要给 V_1 增加一个新的入射半边 He_3，对新顶点 V_3 建立入射半边表，并将 He_2 作为 V_3 入射半边插入表中。

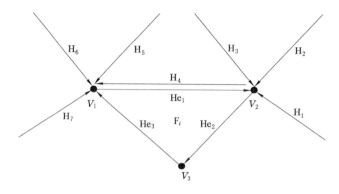

图 5-6　TIN 半边合并示意图

（6）将 F_i 中的半边 He_1，He_2，He_3 加入 TIN 半边集合中。

（7）重复步骤（1）至（6），直至 TIN 中所有三角片均被读入为止。

顶点聚合与半边合并时，将半边加入各顶点的邻接半边集合，将三角片加入各半边的邻接三角片集合，即完成对 TIN 的拓扑重构。

图 5-7 为 TIN 拓扑重构算法流程图。

5.1.4　算法分析

测试平台：Windows 7 中文旗舰版，Intel(R) Core(TM) i7-2720QM CPU 2.20 GHz，4 GB 内存。

由于需要在读入 TIN 数据的同时进行拓扑重建，而三轴分块排序算法需要首先读入 TIN 数据以确定 TIN 中顶点坐标的分布范围，以便沿 x 轴、y 轴、z 轴方向对顶点坐标进行分块，也就是说，三轴分块算法数据读入与拓扑重建是分两步来完成的，不能满足书中所述算法需求，因此未将三轴分块算法列为对比算法。

表 5-1 为本书算法与文献[62]AVL 树算法、文献[64]红黑树算法在不同数据规模下的 TIN 拓扑重构效率对比。由表 5-1 所示实验结果可知：本书 TIN 拓扑重构算法时间效率明显高于文献[62]AVL 树算法与文献[64]红黑树算法。虽然理论上红黑树算法在某些方面比 AVL 树算法更优秀、效率更高、统计性能更好，但是随着数据规模的增大，红

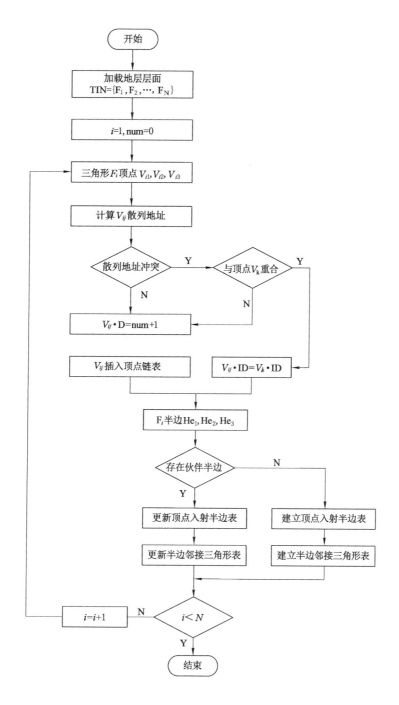

图 5-7 TIN 拓扑重构算法流程图

黑树算法需要调用大量方法来保持树平衡,从而抵消了其相对于 AVL 树算法的性能优势。因此,表 5-1 统计数据中红黑树算法效率低于 AVL 树算法并不意外。

表 5-1　TIN 拓扑重构算法时间效率分析

TIN 特征			TIN 拓扑重构效率/s		
三角片/片	聚合后顶点/个	半边/条	本书算法	AVL 树算法	红黑树算法
6 347	3 348	9 721	0.121 2	0.218	0.343
56 185	28 532	84 716	1.001 4	1.388	1.809
86 363	43 768	130 130	1.647	2.157	2.886
20 7821	104 844	312 664	4.198 8	5.272	6.817
470 096	236 312	706 407	10.089 6	15.417	25.116

图 5-8 为 3 种算法不同数据规模时 TIN 拓扑重构算法效率对比图。图 5-8 表明:由于本书所述算法顶点聚合采用的散列函数法时间复杂度为 O(N),而 AVL 树与红黑树均为 O(Nlog₂N),因此,随着 TIN 数据规模的增大,本书所述算法时间复杂度增长速率明显低于另外两种算法,更适合大数据量时应用。

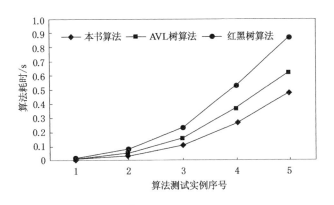

图 5-8　TIN 拓扑重构算法效率对比图

5.2　基于红黑树的 TIN 等值线追踪算法研究

等值线图在露天煤矿剥采计划编制过程中是实现剥采工程位置精确设计的重要资料。基于离散数据生成等值线图的方法主要有规则矩形格网(grid)法和不规则三角网(triangulated irregular network,简称 TIN)法。规则矩形格网法首先要根据已知的离散点数据进行网格化插值,构建矩形网格模型,然后从边界或者内部网格单元出发,根据网格单元各边端点的属性值内插等值点,并连接等值点形成等值线;不规则三角网法是将已知的离散点按一定规则进行三角剖分构建 TIN 模型,然后在 TIN 模型各三角片单元中内插等值点生成等值线。

基于 TIN 生成等值线图可分解为两个基本步骤:(1) 在 TIN 中确定含某等值线起点的起始等值边,即起始等值边查找;(2) 从起点出发按照某种访问策略在 TIN 中内插等值点并连接成等值线,即等值点内插与等值线追踪。随着 TIN 数据规模的不断增大以及对离散数据分布特征和变化规律进行实时分析的需要,对以上两个步骤的时间效率提出了越来越高的要求,而以往基于 TIN 生成等值线的研究成果主要集中于带断层情况下等值线的生成[77]、传统等值线生成算法的改进[78-80]、等值线内插[81]以及等值线填充[82-83]等。上述研究成果很少涉及等值线生成效率的研究,通常采用遍历策略查找起始等值边、内插等值点并进行等值线追踪,很难满足大数据量条件下等值线快速生成的需求。

M. van Kreveld[84]对如何提高起始等值边查找效率进行了研究,提出了一种区间树索引算法,将起始等值边的查找效率从 $O(M \cdot N)$(M 为生成的等值线条数,N 为 TIN 中三角片数)提高到 $O(\log_2 N + k)$(k 为目标区间数目),但在构建区间树索引时,由于需要预先确定各级树节点的最优分割值而导致算法整体效率下降,并且在文献[84]中也未对等值线追踪问题进行深入探讨。

本书提出并实现了一种基于地层层面 TIN 的等值线快速生成算法,实验及应用表明,能够满足大数据量条件下等值线快速生成的需求。

5.2.1 算法思想与数据结构

从三角片规模为 N 的 TIN 中查找一条含有某等值线起点的起始等值边时,最直接的方法就是对 TIN 中的每个三角片进行顺序遍历,当生成的等值线规模为 M 时,查找起始等值边的时间效率为 $O(M \cdot N)$,当等值线所经过的三角片数很少或者分布零散时,这种遍历算法的时间效率显然太低,在 TIN 数据规模比较大的情况下尤其明显。

如果将 TIN 中的三角片以等值线属性值进行升序或降序排列,然后在有序的三角片集合中根据二分查找思想查找含有某给定等值线属性值的三角片,对等值线生成算法效率的提高无疑是有益的。假设某三角片的 3 个顶点分别为 $P_1(x_1, y_1, v_1)$,$P_2(x_2, y_2, v_2)$,$P_3(x_3, y_3, v_3)$,拟生成的某等值线属性值为 v,则该三角片包含等值点的充要条件是:$\min\{v_1, v_2, v_3\} \leqslant \max\{v_1, v_2, v_3\}$。TIN 中每个三角片 3 个顶点的属性值所对应的是一个一维区间 $[\min\{v_1, v_2, v_3\}, \max\{v_1, v_2, v_3\}]$(当 3 个顶点属性值相等时会退化为 1 个点),相当于将三角片投影到等值线属性值所对应的坐标轴上,因此,可以将查找含有某等值点的起始等值边问题看作一维查找问题,即在某坐标轴上给定一组区间,将包含待查询属性值 v 的所有区间陈列出来。解决该类问题的有效方法是区间树索引,然而在构建区间树时,需要预先确定能够同时顾及区间树深度、平衡程度以及树节点中元素个数的最优分割值,无论是采用排序方法还是采用统计方法都需要耗费大量时间,当 TIN 数据规模较大时,时间效率较低。

借鉴区域树[85]思想,首先建立一棵以三角片 3 个顶点最小属性值为键值的平衡二叉树(书中选用查找效率较高的红黑树),其中序遍历序列为按顶点最小属性值升序排列的三角片,按三角片包含等值点的充要条件,将中序遍历序列位于某节点以左的所有三角片再按顶点最大属性值降序排列,在降序排列中用线性查找方法即可快速确定包含某等值线起点的三角片以及该三角片中的起始等值边。

在等值线生成的两个基本步骤中,影响等值线生成效率的另一个因素是等值线追踪。由 TIN 生成的等值线是由三角片内的等值线段连接而成的,每个被某等值线穿过的三角片必有 2 条含有等值点的边,一条为等值线"入边",另一条为等值线"出边",如果在内插计算等值点时能够确定与当前"出边"存在邻接关系的下一个三角片,则只需顺序记录各三角片"出边"上的等值点,并按最终形成的顶点序列绘制等值线就完成了等值线段的追踪。"出边"与三角片的邻接关系可根据 TIN 拓扑确定,书中所述算法基于散列与半边数据结构快速重建 TIN 拓扑,使等值线追踪可根据"边-面(三角片)"拓扑关系与等值点内插计算同步完成,进一步确保算法具有较高的整体时间效率。

算法主要数据结构如图 5-9 所示。

TIN(不规则三角网)	
vert_List	//顶点集合
tri_List	//三角片集合
he_List	//边集合

HalfEdge(半边)	
vert_ID[2]	//端点ID数组
tri_ID	//邻接的三角片ID
partner_Edge	//伙伴半边

Triangle(三角片)	
tri_ID	//三角片ID
vert_ID[3]	//顶点ID数组
he_ID[3]	//边ID数组
minV,maxV	//顶点最小与最大属性值
inTravID	//在红黑树中的中序遍历ID
left,right	//在红黑树中的左孩子与右孩子节点
color	//作为红黑树节点的颜色属性

RBTree(红黑树)	
root	//根节点
current	//当前节点
parent	//父节点
grandParent	//祖父节点
greatParent	//曾祖父节点
inTrav_List	//中序遍历序列

IsoPoint(等值点)	
x,y	//等值点平面坐标
v	//等值点属性值
he_ID	//等值点所属边ID

Vertex(顶点)	
vert_ID	//顶点ID
x,y	//顶点平面坐标
v	//顶点属性值
tri_List	//邻接于顶点的三角片集合
edge_List	//顶点的入射边集合

Isoline(等值线)	
iso_Val	//等值线属性值
isoPt_List	//等值点集合
closed	//是否为闭合等值线

图 5-9　等值线追踪算法主要数据结构设计

5.2.2　基于 TIN 三角片红黑树的等值线追踪

基于 TIN 追踪等值线需要构建点、边、面拓扑结构,TIN 是采用某种三角剖分算法预先生成的模型,在读取 TIN 数据的同时,采用 5.1 节拓扑重构算法完成拓扑重构,具体实现参见 5.1 节内容。

(1) 构建以 TIN 三角片为节点的红黑树

完成 TIN 拓扑重构后,为实现待插等值线起始等值边的快速查找,首先构建以三角片最小属性值为键值、以 TIN 三角片为节点的红黑树。

红黑树[86]是一种每个节点都具有颜色特性的自平衡二叉搜索树,通过对树中节点适当染色,可以使树处于近乎完美的平衡状态。除了具有一般二叉搜索树的特征外,红黑树必须遵循如下规则构建:① 树中的每个节点或为红色,或为黑色;② 根节点永远为黑色;③ 所有叶子节点都是空节点,且为黑色;④ 若某节点为红色,则其子节点必须为黑色;⑤ 从某一节点到其子孙叶子节点的每条简单路径上都必须包含相同数目的黑色节点。

遵循上述规则构建的含有 N 个内部节点的红黑树,其高度最大为 $2\log_2(N+1)$,所以上述约束条件强制规定了红黑树的关键属性,即从根节点到叶子节点最长可能路径不超过最短可能路径的 2 倍,因此红黑树可保证在最坏情况下在 $O(\log_2 N)$ 时间内完成查找、插入和删除等动态集合操作,是一种查找效率非常高的自平衡二叉树。

设 TIN 中某三角片 3 个顶点属性值分别为 v_1,v_2,v_3,待插等值点属性值为 v,则该三角片中包含待插等值点的充要条件为:$\min\{v_1,v_2,v_3\}\leqslant v$ 且 $\max\{v_1,v_2,v_3\}\geqslant v$。

基于以上特性,以 TIN 中的三角片为节点,以三角片 3 个顶点的最小属性值为键值构建红黑树。当新节点插入红黑树时,必须满足红黑树的建树条件,节点颜色属性可以遵循红黑树的五项规则设定,同时为了使新节点插入后仍满足建立二叉搜索树所必需的条件,定义节点比较规则为:

$$(\min V_{Node1}<\min V_{Node2}\,||\,(\min V_{Node1}=\min V_{Node2}\,\&\&\,\max V_{Node1}<\max V_{Node2}))$$

$$(5\text{-}2)$$

式中,V_{Node1},V_{Node2} 为三角片节点属性值。

满足以上条件且新插入节点与某节点的最小属性值和最大属性值均相等时,将新节点插入该节点的左子树中。

关于红黑树的具体实现,文献[86]中有详细介绍,此处不再赘述。

(2) 起始等值边查找

红黑树创建后,首先要对红黑树进行一次中序遍历,并将各节点在中序遍历序列中的顺序 ID 存入节点中,以提高后续查找操作的效率。

在红黑树中查找某待插等值线起始等值边的步骤如下:

① 以红黑树根节点为当前节点(current＝root),判断当前节点最小属性值 $\min V$ 与待插等值线属性值 V 的关系。

② 若 current. $\min V<V$,查找当前节点右子树 current＝current. right,直至 current. $\min V>V$(或叶子节点);若当前节点非叶子节点,则查找当前节点左子树 current＝current. left,直至 current. $\min V>V$(或叶子节点)。

③ 若 current. $\min V>V$,查找当前节点左子树 current＝current. left,直至 current. $\min V<V$(或叶子节点);若当前节点非叶子节点,则查找当前节点右子树 current＝current. right,直至 current. $\min V<V$(或叶子节点)。

④ 在红黑树中序遍历序列中,取当前节点中序遍历顺序 ID 以左的所有节点(即中序遍历顺序 ID 小于当前节点中序遍历 ID),按节点最大属性值降序排序。

⑤ 以顺序查找方式在节点最大属性值降序序列中查找最大属性值小于待插等值线属性值的节点,则该节点以左的所有节点即构成包含待插等值点的候选三角片集合。

图 5-10(a)为 TIN 模型,图 5-10(b)为以 TIN 中最小属性值为键值构建的三角片红

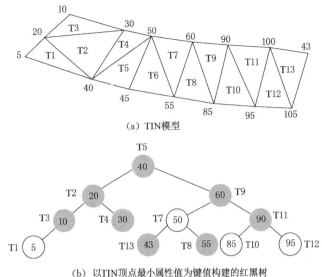

(a) TIN模型

(b) 以TIN顶点最小属性值为键值构建的红黑树

图 5-10　TIN 红黑树示意图

黑树。假设在 TIN 中追踪一条属性值为 35 的等值线,在图 5-10(b)所示红黑树中查找包含该属性值的三角片时,首先对该红黑树进行中序遍历,得到的中序遍历三角片序列为 T1→T3→T2→T4→T5→T13→T7→T8→T9→T10→T11→T12,然后在红黑树中查找最小属性值大于 35 的第一个节点为代表三角片 T5 的根节点,对其左子树序列 T1→T3→T2→T4 按最大属性值降序排列,得到排序后的三角片序列为 T4→T2→T3→T1,从此序列中按线性查找方法确定出大于待查属性值 35 的三角片为 T4、T2、T3,此集合即包含等值点 35 的候选三角片集合。

(3) 等值点计算

完成包含待插等值点的三角片查找后,即可在候选三角片集合中以半边为单位进行等值点内插计算。设三角片按逆时针方向排列的 3 个顶点分别为 $P_1(x_1,y_1,z_1)$,$P_2(x_2,y_2,z_2)$,$P_3(x_3,y_3,z_3)$,以顶点命名的 3 条半边分别为 P_1P_2,P_2P_3,P_3P_1,每条半边顶点最大属性值为 $\max V$,最小属性值为 $\min V$,当前追踪的等值线的属性值为 v,在判断三角片中某条边是否含有等值点时,包括以下 3 种情况:

① $(\max V-v)(\min V-v)>0$,则该半边不含等值点;

② $(\max V-v)(\min V-v)<0$,则该半边含等值点;

③ $(\max V-v)(\min V-v)=0$,分为以下 3 种情况分别处理:

a. $\max V=v$,此时将 $\max V$ 进行正扰动,即将 $\max V$ 所对应的顶点属性值加上一个较小的正小数 ε(取 $\varepsilon=10^{-6}$);

b. $\min V=v$,此时将 $\min V$ 进行负扰动,即将 $\min V$ 所对应的顶点属性值减去一个较小的正小数 ε(取 $\varepsilon=10^{-6}$);

c. $\max V=\min V=v$,该边不含等值点。

位于某条半边上的等值点的坐标可用线性内插公式求得：

$$\begin{cases} x = x_1 + (x_2 - x_1) \dfrac{v - v_1}{v_2 - v_1} \\ y = y_1 + (y_2 - y_1) \dfrac{v - v_1}{v_2 - v_1} \end{cases} \tag{5-3}$$

（4）等值线追踪

为了方便叙述，将 TIN 中的半边和三角片按以下方式命名：TIN 中不存在伙伴半边的半边为边界半边，存在伙伴半边的半边为内部半边；TIN 中含有边界半边的三角片为边界三角片，不含边界半边的三角片为内部三角片。

等值线追踪的任务是在含有等值点的候选三角片集合中以正确的顺序获取属于同一条等值线的等值点并将其连成等值线。等值线包括闭合等值线与非闭合等值线，其中非闭合等值线的起点位于 TIN 边界三角片上，而闭合等值线的起点位于内部三角片上。

基于 5.1 节所述拓扑重构算法建立 TIN 拓扑结构，在候选三角片集合中追踪某给定属性值的非闭合等值线可在等值点内插计算的同时按以下步骤进行：

① 从候选三角片集合中选取一个边界三角片；

② 以该三角片中含等值点的边界半边为等值线在该三角片中追踪的"入边"，计算等值点位置并将其加入当前追踪等值线的顶点集合中；

③ 在三角片中确定等值线的"出边"，计算等值点并将其加入当前追踪等值线的顶点集合中，同时将该三角片从候选三角片集合中删除；

④ 根据 TIN 中"边-边"、"边-面"拓扑关系，确定当前三角片等值线"出边"的伙伴半边及其所在三角片；

⑤ 在其伙伴半边所在的三角片中，伙伴半边即等值线追踪"入边"，该边不需再计算等值点，只需确定等值线在该三角片中的"出边"，计算出边等值点并将其加入当前追踪等值线的顶点集合中；

⑥ 若当前含等值点的半边无伙伴半边（即该边是 TIN 的边界半边），则当前等值线追踪结束，根据等值线顶点集合中的坐标绘制等值线，否则重复步骤④和⑤，直至当前等值边为 TIN 边界半边为止。

基于 TIN 的非闭合等值线追踪流程如图 5-11 所示。

闭合等值线的追踪步骤与非闭合等值线类似，所不同的是，闭合等值线的起始半边是内部半边，并且等值线追踪结束的条件为当前等值边与该等值线起始等值边为伙伴半边。当候选三角片集合为空时，当前给定属性值的所有等值线追踪完成。

5.2.3　算法分析与应用

书中所述算法与无索引算法以及文献[84]所述区间树索引算法在不同数据规模条件下时间效率对比见表 5-2（表中所列预处理时间包括 TIN 拓扑重构以及红黑树或区间树构建时间）。

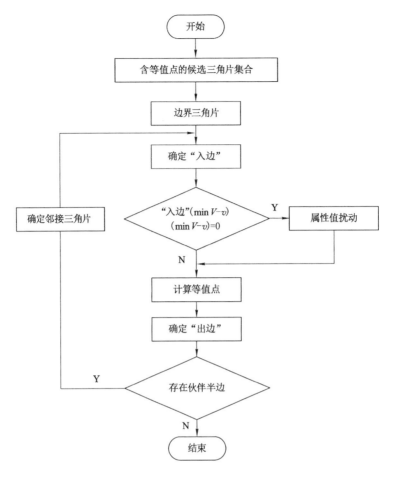

图 5-11 非闭合等值线追踪流程图

表 5-2 等值线追踪算法时间效率分析

三角片/个	等值线特征		预处理时间/s			等值线生成时间/s		
	总数/条	等值点/个	无索引算法	区间树算法	本书算法	无索引算法	区间树算法	本书算法
6 374	388	41 110	—	0.159	0.119	7.472	1.619	1.250
44 042	1 079	184 571	—	1.918	0.670	53.804	10.608	8.346
477 359	2 114	869 603		22.151	3.697	2 237.543	42.697	35.911

由表 5-2 实验结果可知:本书所述算法与文献[84]算法分别建立 TIN 红黑树索引与区间树索引来提高起始等值边的查找效率,尽管在预处理阶段需要耗费一定时间,但是等值线生成的整体时间效率均显著高于无索引算法。在理论上,本书所述红黑树索引算法与文献[84]提出的区间树索引算法其构建与查找效率均为 $O(\log_2 N)$(N 为 TIN 中三角片数),但文献[84]算法在构建区间树时,需要预先确定同时顾及区间树深度、平衡程度以及树节点中元素个数的节点最优分割值,无论采用排序方法还是采用统计方法,都需要耗费大量时间,而本书所述算法在构建以 TIN 三角片单元为节点的红黑树过程中,

是通过节点旋转和颜色调整以保持树的动态平衡状态,不需要预先确定节点最优分割值,因此,本书所述算法在预处理阶段的实际时间效率明显高于文献[84]所述算法。此外,本书所述算法基于散列与半边数据结构重构 TIN 拓扑,在等值点内插计算的同时,根据"边-面"拓扑关系同步完成等值线追踪,从而使算法在等值线生成阶段的效率较文献[84]所述算法有较大幅度提高。

图 5-12 与图 5-13 分别为应用本书所述算法基于某矿煤层底板 TIN 与地形 TIN 生成的煤层底板等值线与地形等高线图。

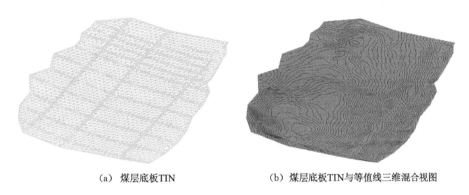

(a) 煤层底板TIN　　　　　　　(b) 煤层底板TIN与等值线三维混合视图

图 5-12　某露天煤矿煤层底板 TIN 与底板等值线

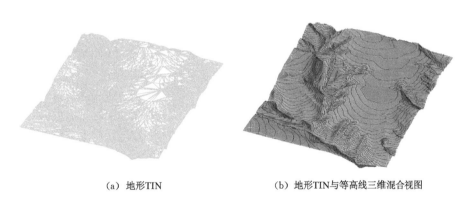

(a) 地形TIN　　　　　　　(b) 地形TIN与等高线三维混合视图

图 5-13　某露天煤矿地形 TIN 与地形等高线

实际应用表明该算法运行稳定,生成的等值线精度可靠,能够满足较大数据量条件下基于各种离散的地质、地形数据快速生成等值线的需求。

5.3　基于空间索引与碰撞检测的地层层面DEM模型求交算法研究

交线作为地质层面模型交叉部分的特征描述,在地质层面模型构建及后续的应用分析中都具有十分重要的作用。用 TIN 描述的地层层面 DEM 模型求交的实质是对属于不同 TIN 模型的三角形对进行求交计算。一种最简单的算法就是对 TIN 中的三角形对进行两两遍历求交,但是随着 TIN 数据规模的增大,算法的时间复杂度将线性增大而难以满足实际应用需求[86]。

提高 TIN 求交计算效率的关键是减小相交测试与求交计算三角形对规模。尹长林等[87]通过建立 TIN 模型的空间辅助网格来获取可能相交的候选三角形集,并在计算交线的同时根据 TIN 拓扑关系分离交线,但其并未对算法时间效率进行实验分析;蒋钱平等[88]提出了一种基于平均单元格的 TIN 求交算法,在该算法中需要依次判断 TIN 中每一条边与另一个 TIN 的包围盒是否相交,若相交,则计算该边与其所穿越的单元格中所有三角形的交点,该算法时间效率约为 RAPID 的 2 倍,对于 2 个三角形规模为 10 208 与 1 984 的 TIN 模型,求交时间约 300 ms,难以满足大规模 TIN 求交计算需求;张少丽等[89]提出了一种改进的基于空间分解的 TIN 求交算法,但是对于较大规模的 TIN 模型,算法效率提高有限;陈学工等[90]通过建立复合 OBBTree 来进行 TIN 中相交三角形对的快速检测并求取交线,但 OBBTree 构建及相交测试都较复杂,对于实时性要求不是很高的应用来说,较大的实现难度带来的求交效率改善并不是十分显著。

本书提出了一种基于空间索引与碰撞检测的地层层面 TIN 求交算法,算法首先通过建立待求交 TIN 的空间格网索引,将 TIN 中的三角形映射到空间格网索引单元中,在对关联于同一个空间索引单元的三角形对进行求交计算时,进一步应用 AABB 包围盒碰撞检测技术快速剔除不相交三角形对,从而使 TIN 求交计算的时间效率大幅提高,最后根据交线段空间邻接关系,完成交线的快速分离。

算法流程如图 5-14 所示。

5.3.1　TIN 空间索引的建立

空间索引[64]是一种辅助性的空间数据结构,利用其空间索引的筛选作用,可以把与特定空间没有邻接关系的空间对象从待求解对象集合中排除掉,从而提高空间操作算法的效率。在计算 TIN 交线时,通过建立 TIN 中三角形的空间索引,使求交计算仅发生在关联于同一个空间索引单元的三角形之间,从而大幅减少需要进行相交测试的三角形对数,降低算法的时间复杂度。

常用的空间索引有窗坐标索引、格网索引、BSP 树、KDB 树、R 树、R＋树和 CELL 树等,其中格网索引是一种高效、简洁且易实现的索引方法,其基本思想是将空间几何元素集的最小外接包围盒划分为由若干个小立方体构成的空间网格,并将待处理的空间几何元素根据空间位置关系分配到相应的立方体格网单元中,从而建立空间几何元素集的空间索引,在后续操作过程中,利用该索引实现空间几何元素的快速定位,加快操作速度[91]。

本算法中建立待求交 TIN 模型空间格网索引的具体步骤为:

(1)确定待求交 TIN 的最小外接包围盒。

两个待求交 TIN 的公共最小外接包围盒由 x 轴、y 轴、z 轴方向坐标的最大值与最小值确定,包围盒主对角线上的两个顶点坐标分别为 $(X_{min},Y_{min},Z_{min})$ 与 $(X_{max},Y_{max},Z_{max})$。

(2)根据 TIN 中三角形的数量和几何特征将外接包围盒划分为 $l×m×n$ 个小立方

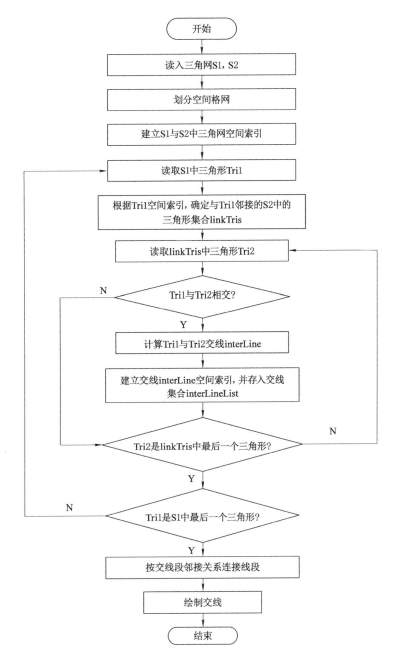

图 5-14　地层层面模型求交流程图

体单元格。

小立方体单元格的大小 cellsize 决定了单元格内关联的三角形数量,单元格过大或过小都将影响算法效率,通过实验确定 cellsize 为 TIN 中所有三角形平均边长的 1.3 倍。

每一个小立方体网格单元在空间格网索引中的位置用 3 个整数(i, j, k)来唯一标识,i, j, k 的值分别代表该网格单元在 x 轴、y 轴、z 轴方向的编号。

（3）根据三角形与空间格网单元的空间位置关系，将 TIN 中的三角形映射到空间格网单元中。

设 TIN 中某三角形 3 个顶点在 x 轴、y 轴、z 轴方向坐标的最大值与最小值分别为：$x_{\min}$，$x_{\max}$，$y_{\min}$，$y_{\max}$，$z_{\min}$，$z_{\max}$，则该三角形所关联的空间格网单元范围为：

① i：$\left[\operatorname{int}\left(\dfrac{x_{\min}-X_{\min}}{\text{cellsize}}\right)+1\right]\rightarrow\left[\operatorname{int}\left(\dfrac{x_{\max}-X_{\min}}{\text{cellsize}}\right)+1\right]$。

② j：$\left[\operatorname{int}\left(\dfrac{y_{\min}-Y_{\min}}{\text{cellsize}}\right)+1\right]\rightarrow\left[\operatorname{int}\left(\dfrac{y_{\max}-Y_{\min}}{\text{cellsize}}\right)+1\right]$。

③ k：$\left[\operatorname{int}\left(\dfrac{z_{\max}-Z_{\min}}{\text{cellsize}}\right)+1\right]\rightarrow\left[\operatorname{int}\left(\dfrac{z_{\max}-Z_{\min}}{\text{cellsize}}\right)+1\right]$。

在上述范围内的每个空间格网单元所关联的三角形集合中存入该三角形。

映射于某同一个空间格网单元的三角形如图 5-15 所示，图中用虚线和实线表示的三角形分别属于两个不同的待求交 TIN 模型。

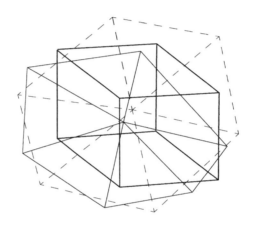

图 5-15　映射于同一个空间格网单元的三角形

按以上步骤建立待求交 TIN 模型的空间格网索引后，在 TIN 求交过程中只要对关联于同一个空间格网单元内的三角形对进行相交测试与求交计算，使算法效率显著提高。

图 5-16 为所设计算法空间格网与 TIN 数据结构的定义。空间格网单元 SpaceGrid 的数据结构中 Rt_coord[3] 与 Lb_coord[3] 分别存储格网单元右上角与左下角点的坐标，i,j,k 记录格网单元在 x,y,z 轴方向的 ID，Tri_List_1 和 Tri_List_2 分别存储关联于该格网单元且分别属于两个不同 TIN 模型的三角形集合。

TIN 中的三角形 Triangle 只存储其自身 ID 与各个顶点的 ID，对顶点坐标的访问通过顶点 ID 来完成。

三角形顶点 Vertex 除存储顶点 ID，x 轴、y 轴、z 轴坐标等数据外，还存储邻接于该顶点的所有三角形的 ID。基于这种数据结构，可根据顶点与三角形之间的邻接关系，快速重建 TIN 中顶点、边与三角形之间的拓扑结构，该拓扑关系将用于共面三角形的求交计算。

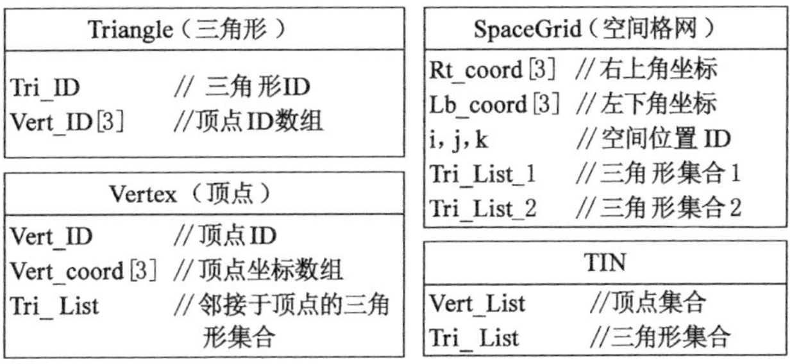

Triangle（三角形）	
Tri_ID	// 三角形 ID
Vert_ID [3]	//顶点 ID 数组

SpaceGrid（空间格网）	
Rt_coord [3]	//右上角坐标
Lb_coord [3]	//左下角坐标
i, j, k	//空间位置 ID
Tri_List_1	//三角形集合 1
Tri_List_2	//三角形集合 2

Vertex（顶点）	
Vert_ID	//顶点 ID
Vert_coord [3]	//顶点坐标数组
Tri_List	//邻接于顶点的三角形集合

TIN	
Vert_List	//顶点集合
Tri_List	//三角形集合

图 5-16　空间格网与 TIN 数据结构

TIN 数据结构中 Tri_List 是三角形集合，Vert_List 是无重复的三角形顶点集合。空间格网索引、TIN、三角形、三角形顶点数据结构之间的关系如图 5-17 所示。

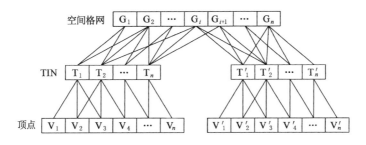

图 5-17　数据结构关系

5.3.2　基于 AABB 包围盒的三角形对碰撞检测

建立 TIN 模型空间格网索引后，只需对待求交 TIN 模型中关联于同一个格网单元的三角形对进行求交计算即可。然而，由于每个三角形所占据的空间格网单元范围是根据其最小外接包围盒近似确定的，若直接求取交线，仍存在大量不必要的计算，影响算法效率。为此，在建立 TIN 模型空间格网索引的基础上进一步应用基于包围盒的碰撞检测方法，快速剔除不相交三角形对，减少实际求交计算次数，使算法效率进一步提高。

碰撞检测是一种利用体积略大而形状简单的几何对象包围盒实现不相交对象快速剔除的方法[92]。比较典型的对象包围盒有平行于坐标轴的包围盒（axis-aligned bounding box，简称 AABB）[93]、包围球（sphere）[94]、方向包围盒（oriented bounding box，简称 OBB）[95]、固定方向凸包包围盒（fixed directions hulls，简称 FDH）[96]、离散方向多面体（k-DOP）[97]等。其中方向包围盒 OBB 可以根据对象的形状特点尽可能紧密地包围对象，但同时也使得其相交测试变得复杂，OBB 间相交测试的代价比较大；AABB 和包围球虽然紧密性相对较差，但是其实现及相交测试简单，可以满足一般静态碰撞检测的需求[98]，本书算法选择 AABB 包围盒快速剔除不相交三角形对。

三角形的 AABB 包围盒由 3 组平行于 x 轴、y 轴、z 轴的平面包围而成，其构造方法是取每个三角形在 x 轴、y 轴、z 轴方向上的最大值和最小值，再过这些点分别作垂直于所在轴的平面,这 6 个平面相交后所构成的长方体就是该三角形的 AABB 包围盒。

AABB 包围盒的常规表达方式有"最小值-最大值""最小值-直径"以及"中心-半径"[99]。其中"最小值-最大值"表达方式虽然在存储空间效率方面不如另外两种方式,但是其碰撞检测比较直观且容易实现。

设需要进行碰撞检测的三角形为 T_1 和 T_2,T_1 的 3 个顶点在 x 轴、y 轴、z 轴方向坐标最小值和最大值分别为 x_{1min},x_{1max},y_{1min},y_{1max},z_{1min},z_{1max},T_2 的 3 个顶点在 x 轴、y 轴、z 轴方向坐标最小值和最大值分别为 x_{2min},x_{2max},y_{2min},y_{2max},z_{2min},z_{2max},用"最小值-最大值"方式表达的 AABB 包围盒碰撞检测方法为[99]:当 T_1 与 T_2 顶点坐标的最小值和最大值满足式(5-4)其中一个式子时,这两个三角形肯定不相交,否则 T_1 与 T_2 可能相交,需要对 T_1 与 T_2 进行精确求交计算,确定是否存在交线。

$$\begin{cases} x_{1min} > x_{2max} \quad 或 \quad x_{2min} > x_{1max} \\ y_{1min} > y_{2max} \quad 或 \quad y_{2min} > y_{1max} \\ z_{1min} > z_{2max} \quad 或 \quad z_{2min} > z_{1max} \end{cases} \tag{5-4}$$

5.3.3 三角形求交与交线分离

5.3.3.1 三角形求交

TIN 是三角形集合,其交线由相交三角形对的交线段连接而成,TIN 求交的核心是三角形对之间的求交计算。当关联于同一个空间格网单元的两个三角形经 AABB 包围盒碰撞检测后确定为相交时,则对这两个三角形进行精确的求交计算。

三角形对的求交计算分为异面和共面两种情况进行处理:

① 两个三角形异面相交[100-102]时,存在如图 5-18 所示 4 种情况,采用"边-面"算法计算交线,即分别建立由 2 个三角形顶点所确定的平面与直线方程,然后依次计算每一个三角形各条边所在直线与另一个三角形所在平面的交点,若交点位于三角形内或三角形边上,则所求交点为有效交点,当有效交点数为 2 时,将以这 2 个交点为端点的交线段存入交线段集合中。

② 两个三角形共面时,求交计算退化为"边-边"求交。如图 5-19(a)所示,三角网 $S_1 = \{T_1, T_2\}$,$S_2 = \{T_3, T_4, T_5\}$,其中三角形 T_1,T_2,T_3,T_4,T_5 共面,若对共面三角形直接进行"边-边"求交计算,则所得交线由交线段 e_1,e_2,e_3,e_4,e_5,e_6 构成,而实际正确的交线如图 5-19 所示。

经分析可知:共面三角形交线上的点应由位于三角形边界边(邻接三角形数为 1)上的交点、内点及顶点构成。在进行共面三角形"边-边"求交计算时,采用一种根据交点个数、顶点、边以及三角形之间的空间位置关系构造交线段的改进方法,有效避免了交线冗余以及自相交等情况的发生。

以图 5-19(b)中两个共面三角形 T_1 与 T_5 求交计算为例,具体步骤为:

① 根据三角网 S_1 的拓扑关系,确定三角形 T_1 中的边界边 FG、FH;

② 根据边与三角形的位置关系,三角形 T_5 的 3 个顶点均位于边 FH 同侧,则边 FH

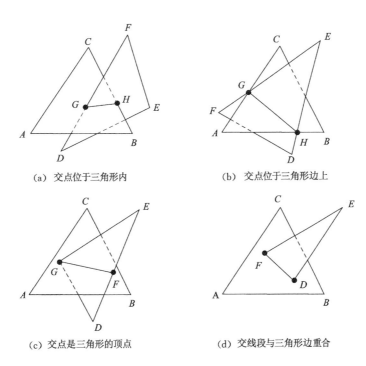

（a）交点位于三角形内　　　　　（b）交点位于三角形边上

（c）交点是三角形的顶点　　　　（d）交线段与三角形边重合

图 5-18　异面三角形相交

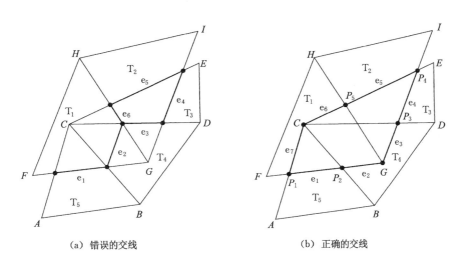

（a）错误的交线　　　　　　　（b）正确的交线

图 5-19　共面三角形求交

与 T_5 无交点，T_5 的 3 个顶点位于边 FG 异侧，对边 FG 与三角形 T_5 进行"边-边"求交计算；

③ 边 FG 与边 AB 无交点，与边 AC 有一个交点 P_1，与边 BC 有一个交点 P_2，则 FG 与三角形 T_5 的交线段 e_1 由交点 P_1 与 P_2 构成；

④ 根据三角网 S_2 拓扑关系，确定 T_5 中边 AB、AC 为边界边；

⑤ 根据边与三角形的位置关系,对边界边 AC 与三角形 T_1 进行"边-边"求交计算;

⑥ 边 AC 与 FH、GH 无交点,与 FG 有 1 个交点 P_1,且顶点 C 位于三角形 T_1 内,则 AC 与 T_1 的交线段 e_7 由交点 P_1 与顶点 C 构成。

按上述步骤,对共面三角形进行两两"边-边"求交计算:当其中一个三角形中的边界边与另一个共面三角形的交点数为 2 时,则直接增加 1 条由 2 个交点构成的交线段;交点数为 1 时,则判断边上是否有内点、边上点和顶点,有则增加 1 条由交点与内点、边上点或顶点构成的交线段;交点数为 0 时,则统计边上的内点、边上点和顶点个数,交点数为 2 时则增加 1 条交线段[103]。

5.3.3.2 交线分离

三角形求交计算所得的交线段是离散的,且大多数情况下两个 TIN 之间的交线并不唯一,因此需要从已求得的交线段集合中进行交线分离。本书所述算法采用建立交线段集合空间格网索引的方法,使交线段关联到各个格网索引单元中,然后根据关联于同一个格网索引单元的交线段之间的空间邻接关系实现交线的快速分离。

交线段空间索引的建立方法与 TIN 空间索引的建立方法类似,不再赘述。

设两个 TIN 为 S_1、S_2,分别含有 m、n 个三角形,S_1 与 S_2 交线段集合为 $L = \{l_i, i = 1, 2, \cdots, k\}$,$l_i$ 顶点为 (p_{i1}, p_{i2}),交线分离后得到的某条交线 pl_j 的顶点集合 $P = \{p_j, j = 1, 2, \cdots, n\}$,交线分离的具体步骤为:

① 初始化交线段集合 L 与交线顶点集合 P,将集合 L 中所有交线段 $l_i(i = 1, 2, 3, \cdots, k)$ 设为未访问,交线顶点集合 P 设为空。

② 选择交线段集合中的第一条交线段 l_1 作为初始交线段,设置该交线段为已访问,并将其顶点存入交线顶点集合 P 中,$P = \{p_{11}, p_{12}\}$。

③ 在交线段 l_1 关联的格网索引单元中,根据交线段的空间邻接关系,搜索与 l_1 邻接的下一条交线段 $l_j \in L$。

交线段的空间邻接关系可根据线段顶点之间的距离确定,当交线段 l_j 与 l_1 任意两个顶点间的距离满足以下条件时:

$$\text{Distance}(p_{1a}, p_{1b}) \leqslant \varepsilon \quad (a = 1, 2, b = 1, 2) \tag{5-5}$$

l_j 为 l_1 的邻接线段。考虑到浮点数存储误差,ε 取 10^{-6}。

④ 将 l_j 标记为已访问,并将其顶点插入集合 P 中。

在将 l_j 顶点插入集合 P 中时,应分为以下几种情况进行处理:

① 若 l_j 起点与 l_1 的起点间距离满足式(5-5),则将 l_j 的终点插入 P 中顶点 p_{11} 之前,$P = \{p_{j2}, p_{11}, p_{12}\}$。

② 若 l_j 终点与 l_1 的起点间距离满足式(5-5),则将 l_j 的起点插入 P 中顶点 p_{11} 之前,$P = \{p_{j1}, p_{11}, p_{12}\}$。

③ 若 l_j 起点与 l_1 的终点间距离满足式(5-5),则将 l_j 的终点插入 P 中顶点 p_{12} 之后,$P = \{p_{11}, p_{12}, p_{j2}\}$。

④ 若 l_j 与 l_1 的终点间距离满足式(5-5),则将 l_j 的起点插入 P 中顶点 p_{12} 之后,$P =$

$\{p_{11}, p_{12}, p_{j1}\}$。

⑤ 对 l_i 重复执行步骤③和④，若在 l_i 关联的空间立方体单元中搜索不到满足条件的交线段时，则当前交线分离结束，根据顶点集合 P 绘制交线。

在交线段集合 L 中，选取下一条未访问的交线段，重复执行以上步骤，直至所有交线段都已被访问，交线分离结束。

5.3.4　算法分析与应用

5.3.4.1　算法分析

为检验算法性能，选用 3 组地质与地形表面模型数据与基于 OBBTree 的 TIN 求交算法进行对比分析，结果见表 5-3（表中"预处理"列是本书所述算法建立空间格网索引与 OBBTree 算法创建 OBB 层次包围盒树所需要的时间）。

表 5-3　TIN 求交算法时间效率分析

测试组号	三角片/个		预处理/ms		求交计算/ms		相交测试三角片对数		实际相交的三角片对数
			本书算法	OBBTree	本书算法	OBBTree	本书算法	OBBTree	
1	18 425	19 843	890	1 664	1 406	1 919	20 514	6 697	3 114
2	51 650	54 952	1 808	3 694	12 243	15 088	447 723	60 389	47 218
3	138 180	169 334	7 419	13 519	18 622	24 747	949 892	153 990	87 986

结合两个算法的特点分析表 5-3 所示实验结果可知：在预处理阶段，本书算法建立空间格网索引的实现过程较简单，其时间代价比 OBBTree 算法建立 OBB 层次包围盒树的时间代价低。从不相交三角形对的剔除效率（实际相交三角片对数与相交测试三角片对数比值）来看，本书所述算法低于 OBBTree 算法，主要原因是本书所述算法采用基于 AABB 包围盒的碰撞检测，其紧密性不如 OBB 包围盒，但是由于 OBB 包围盒相交测试代价较大，因此本书算法的实际求交计算效率高于 OBBTree 算法。

5.3.4.2　应用实例

图 5-20 为应用所设计算法计算某露天矿年度剥采计划工程位置 TIN。图 5-20(a) 为 TIN 求交算法在露天煤矿开采设计中的应用。图 5-20(b) 为地形及采场现状 TIN。TIN 交线如图 5-20(c) 中实线。用交线裁剪、合并两个 TIN 模型后的三维效果图如图 5-20(d) 所示。

裁剪后交线范围内的 TIN 模型（图 5-21）可作为剥采工程量分析计算或露天矿虚拟现实等相关应用的基础数据。

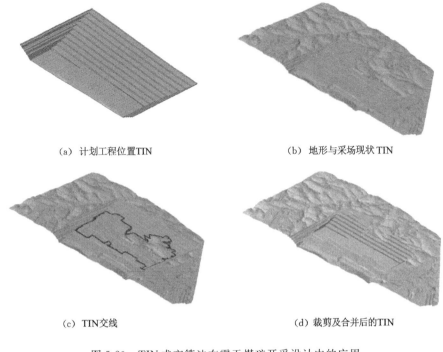

（a）计划工程位置TIN   （b）地形与采场现状TIN

（c）TIN交线   （d）裁剪及合并后的TIN

图 5-20　TIN 求交算法在露天煤矿开采设计中的应用

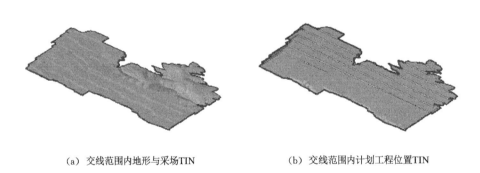

（a）交线范围内地形与采场TIN   （b）交线范围内计划工程位置TIN

图 5-21　裁剪后交线范围内的 TIN 模型

5.4　地层层面 DEM 模型精确裁剪与局部更新技术研究

5.4.1　地层层面 DEM 模型精确裁剪

基于地层层面模型编制露天煤矿剥采计划时，经常基于局部的地层赋存情况进行剥采工程设计，为了减少数据量，可通过对地层层面全局模型裁剪以满足应用需求。本书中地层层面模型采用 TIN 描述，因此地层层面模型裁剪属于 TIN 裁剪问题。

用闭合多边形表示裁剪区域，TIN 裁剪时，首先基于 TIN 插值计算多边形顶点高程值以及多边形与 TIN 中三角片的交点,并将交点与经插值后的多边形顶点重新排序构成新的闭合多边形裁剪区域,然后将裁剪多边形插入 TIN 中,最后根据裁剪要求(保留裁剪多边形内部或外部 TIN)删除不需要的三角片,即完成地层层面模型的裁剪。

5.4.1.1 基于 TIN 的多边形顶点高程插值

在基于 TIN 插值计算多边形顶点高程时,首先要确定待插值顶点落在哪个三角片内,采用本书 4.2.3.2 格网索引的建立算法建立 TIN 与多边形的统一格网索引,然后采用点与三角形位置关系判断算法遍历与待插值顶点邻接于同一个格网索引的三角片,即可实现顶点的快速定位。

点与三角形位置关系判断采用向量差积法,如图 5-22 所示,点 M 与 $\triangle ABC$ 3 个顶点所构成的向量分别为 $\overrightarrow{MA}$、$\overrightarrow{MB}$ 和 $\overrightarrow{MC}$,则可按以下规则判断点是否位于三角形内部:

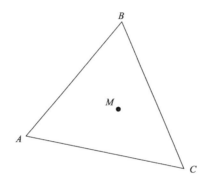

图 5-22　点与三角形位置关系示意图

(1) 满足以下条件之一时点 M 位于 $\triangle ABC$ 内部:

① $\overrightarrow{MA} \times \overrightarrow{MB} > 0$ 且 $\overrightarrow{MB} \times \overrightarrow{MC} > 0$ 且 $\overrightarrow{MC} \times \overrightarrow{MA} > 0$。

② $\overrightarrow{MA} \times \overrightarrow{MB} < 0$ 且 $\overrightarrow{MB} \times \overrightarrow{MC} < 0$ 且 $\overrightarrow{MC} \times \overrightarrow{MA} < 0$。

(2) 满足以下条件之一时点 M 位于三角形边上:

① $\overrightarrow{MA} \times \overrightarrow{MB} = 0$。

② $\overrightarrow{MB} \times \overrightarrow{MC} = 0$。

③ $\overrightarrow{MC} \times \overrightarrow{MA} = 0$。

(3) 以上条件均不满足时点 M 位于 $\triangle ABC$ 外部。

确定了点的位置后,即可利用三角形 3 个顶点所构成的平面方程计算顶点高程值。已知 $\triangle ABC$ 3 个顶点的坐标分别为 (x_A, y_A, z_A),(x_B, y_B, z_B),(x_C, y_C, z_C),由此 3 点可确定平面法向向量 $\boldsymbol{n}$ 为:

$$\begin{cases} \boldsymbol{n} = a\mathrm{i} + b\mathrm{j} + c\mathrm{k} \\ a = (y_B - y_A)(z_C - z_A) - (z_B - z_A)(y_C - y_A) \\ b = (z_B - z_A)(x_C - x_A) - (x_B - x_A)(z_C - z_A) \\ c = (x_B - x_A)(y_C - y_A) - (y_B - y_A)(x_C - x_A) \end{cases} \tag{5-6}$$

则点 M 的高程 z_M 为:

$$z_M = z_A - \frac{a(x_M - x_A) + b(y_M - y_A)}{c}$$

5.4.1.2 计算多边形与 TIN 三角片交点

根据已建立的格网索引,可快速确定与多边形各组成直线段可能相交的三角片,然后采用直线段相交算法计算交点。

两条直线段的相互位置关系包括重合、不重合相交和不相交 3 种。如图 5-23 所示,两条直线段 p_1p_2 与 q_1q_2,计算其交点的步骤如下:

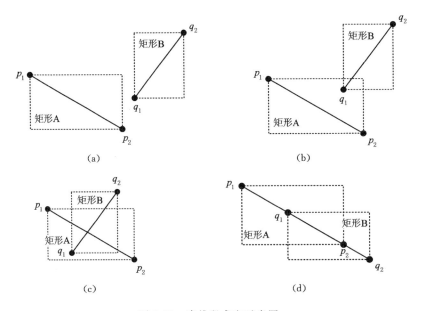

图 5-23 直线段求交示意图

(1)快速排斥检测

以线段 p_1p_2 为对角线的矩形 A 与以线段 q_1q_2 为对角线的矩形 B 若不相交,则 p_1p_2 与 q_1q_2 一定不相交,否则 p_1p_2 与 q_1q_2 可能相交。

矩形 A 与矩形 B 是否相交可通过以下方法判定:若表达式 RecA. minX ⩽ RecB. maxX,RecB. minX ⩽ RecA. maxX,RecA. minY ⩽ RecB. maxY,RecB. minY ⩽ RecA. maxY 均成立,则矩形 A 与矩形 B 相交,否则不相交。

如图 5-23(a)所示,矩形 A 与矩形 B 不相交,p_1p_2 与 q_1q_2 不相交,图 5-23(b)中矩形 A 与矩形 B 相交,但是 p_1p_2 与 q_1q_2 不相交,图 5-33(c)中矩形 A 与矩形 B 相交,p_1p_2 与 q_1q_2 相交。可见,矩形 A 与矩形 B 相交不能作为 p_1p_2 与 q_1q_2 相交的充分条件,需进一步判断。

(2)跨立检测

当两条直线相交时,则必然相互跨立,如图 5-23(c)所示,用跨立检测方法判断直线段 p_1p_2 与 q_1q_2 是否相交的条件为:

① $(\overrightarrow{q_1p_1} \times \overrightarrow{q_1q_2}) \cdot (\overrightarrow{q_1p_2} \times \overrightarrow{q_1q_2}) < 0$;

② $(\overrightarrow{p_1q_1} \times \overrightarrow{p_1p_2}) \cdot (\overrightarrow{p_1q_2} \times \overrightarrow{p_1p_2}) < 0$。

当以上两个条件均成立时,两条直线段必相交。

(3) 计算直线段交点

经快速排斥检测与跨立检测后,对确定相交的直线段,采用以下方法计算交点。

假设图 5-23(c) 中直线段 p_1p_2 与 q_1q_2 两个端点的坐标分别为 (x_1, y_1), (x_2, y_2), (x_3, y_3), (x_4, y_4),则交点的坐标 (x_0, y_0) 为:

$$
\begin{cases}
x_0 = \dfrac{d_1}{d} \\
y_0 = \dfrac{d_2}{d} \\
d_1 = b_2(x_2 - x_1) - b_1(x_4 - x_3) \\
d_2 = b_2(y_2 - y_1) - b_1(y_4 - y_3) \\
d = (x_2 - x_1)(y_4 - y_3) - (x_4 - x_3)(y_2 - y_1) \\
b_1 = (y_2 - y_1)x_1 + (x_1 - x_2)y_1 \\
b_2 = (y_4 - y_3)x_3 + (x_3 - x_4)y_3
\end{cases}
\tag{5-7}
$$

计算得到裁剪多边形直线段与 TIN 三角片边的交点平面坐标后,可进一步采用线性内插法得到交点的高程值。

在计算裁剪多边形与 TIN 交点的同时,采用距离法将交点插入多边形顶点序列中,形成一个新的裁剪多边形。

5.4.1.3 裁剪多边形插入 TIN

TIN 裁剪分为两种情况:保留裁剪多边形内部 TIN 和保留裁剪多边形外部 TIN。

保留裁剪多边形内部 TIN 时,将所有位于多边形内部的三角片构建一个 TIN 子集,并重构其拓扑,根据拓扑结构可确定此 TIN 子集的外边界,然后建立裁剪多边形与此边界之间的 TIN,并将其与 TIN 子集合并作为裁剪 TIN 保留,最后删除其他位于裁剪多边形外部及与裁剪多边形相交的三角片即可。

保留裁剪多边形外部 TIN 时,将所有位于多边形内部以及与裁剪多边形相交的三角片构建为一个 TIN 子集,并重构其拓扑结构,仍然根据拓扑结构确定此 TIN 子集的外边界并建立裁剪多边形与此边界之间的 TIN,将其与位于裁剪多边形外部的三角片合并作为裁剪 TIN 保留,最后删除位于裁剪多边形内部的三角片。

5.4.1.4 删除裁剪多边形内(或外)部三角片

根据裁剪要求删除裁剪多边形内(或外)部三角片时,首先需要确定三角片与裁剪多边形的位置关系(内部、外部、相交),如图 5-24 所示。

当三角片 3 个顶点均位于裁剪多边形内部时,则该三角片也一定位于裁剪多边形内部[图 5-24(a)];当三角片 3 个顶点均位于裁剪多边形外部时,并不能确定该三角片一定位于裁剪多边形的外部[图 5-24(b)]。此时需要进一步根据其与裁剪多边形是否相交才能最终确定该三角片与裁剪多边形的位置关系。

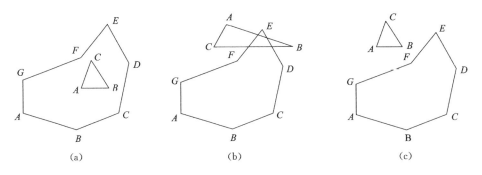

图 5-24　三角片与裁剪多边形位置关系示意图

三角片与裁剪多边形是否相交可根据线段相交算法进行判断(即判断三角片3条边与裁剪多边形线段是否相交),点与多边形的位置关系(内部、外部、边上)可根据改进的射线法判断,具体步骤为:

① 判断点与多边形最小外接矩形的关系,若点位于多边形最小外接矩形的外部,则可直接作出判断,否则继续;

② 根据多边形各组成直线段方程判断点是否位于多边形边上,本书中将三角片顶点位于多边形边上按与多边形相交处理;

③ 若点不位于多边形边上,则计算从该点发出的射线与多边形交点个数,当交点数为偶数时,点位于多边形内部,否则位于多边形外部,如图5-25所示。

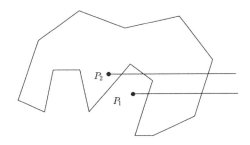

图 5-25　点与多边形位置关系示意图

上述算法适用于判断点与凸多边形或凹多边形的位置关系。

图 5-26(a)是原始地层层面模型与裁剪多边形,图 5-26(b)是保留裁剪多边形外部 TIN 的裁剪效果,其中多边形周边颜色较深部分是裁剪多边形插入后与边界间新建 TIN,图 5-26(c)是用保留裁剪多边形内部 TIN 的裁剪效果,其中周边浅色部分是裁剪多边形插入后与边界间新建 TIN。

5.4.2　地层层面模型局部更新

基于地层层面模型编制剥采计划过程中,经常需要将测量验收、采矿计划等形成的局部 DEM 嵌入原始地形、采场、排土场 DEM 中对其更新,以体现在已发生的剥采工程影响下原始地形、采场、排土场的三维空间形态。

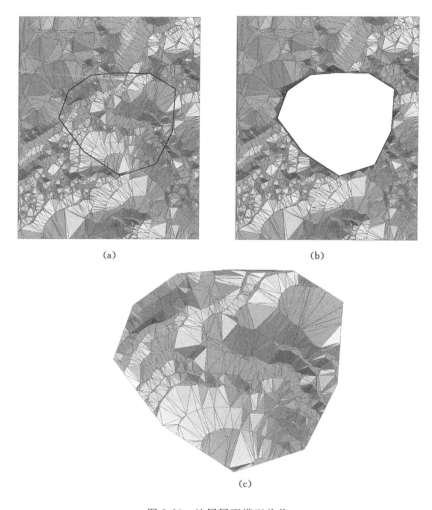

(a)   (b)

(c)

图 5-26 地层层面模型裁剪

地层层面模型的更新与前面所提到的裁剪原理类似,所不同的是对地层层面模型的局部更新是用嵌入 DEM 的边界对地层层面模型进行裁剪,之后将嵌入 DEM 与裁剪后的地层层面模型拼接在一起,实现"无缝缝合"。

(1)嵌入 DEM 的边界提取。基于 5.1 节拓扑重构算法对嵌入 DEM 进行拓扑重建后,可根据边邻接三角片数确定边界边,实现对边界的快速提取。

(2)地层层面模型的裁剪。用嵌入 DEM 边界对地层层面模型进行"保留外部"裁剪,同时获取位于嵌入 DEM 边界内以及与其相交的三角片构建 TIN 子集,并重建 TIN 子集拓扑,提取其边界。

(3)地层层面模型"无缝缝合"。重建嵌入 DEM 边界与 TIN 子集边界间的三角网,实现两个模型"无缝缝合"。

地层层面模型的局部更新步骤如图 5-27 所示。

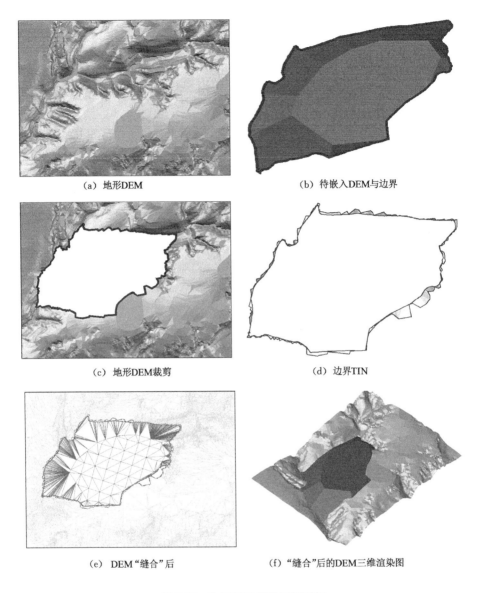

    （a）地形DEM   （b）待嵌入DEM与边界

    （c）地形DEM裁剪   （d）边界TIN

    （e）DEM"缝合"后   （f）"缝合"后的DEM三维渲染图

图 5-27 地层层面模型局部更新

5.5 露天煤矿数字化开采剥采工程量计算方法研究

5.5.1 基于地层层面 DEM 的剥采工程量分类计算

  剥采工程量的计算方法有很多种，主要包括断面法、方格网法、等高线法及 DEM 法等。由于断面法和等高线法计算误差较大，特别是在复杂地形条件下，因此在工程实际中应用较少。基于地层层面模型 DEM 进行剥采工程量计算的精度较高，且适用于多种地形地貌。

剥采计划工程量的分类计算是指基于矿区的地质信息,计算某计划剥采区域内的煤、岩、土等剥采工程量(体积),在分类计算剥采工程量时,通常采用基于地质层面 DEM 或钻孔数据插值后形成的规则格网模型。

基于 DEM 分类计算剥采计划工程量的原理类似于分类统计钻孔岩芯中的矿岩体积,将位于采场现状 DEM 与计划工程位置 DEM 看作"超级钻孔",然后按地层空间层位关系统计计算位于该"超级钻孔"内的矿岩体积[104]。

基于 DEM 分类计算剥采计划工程量的具体步骤如下:

(1) 应用 5.3 节的层面模型求交算法,计算剥采计划工程位置 DEM 与现状 DEM 交线。

(2) 基于 5.4.1 节的地层层面模型裁剪算法用步骤(1)中求得的交线裁剪剥采计划工程位置 DEM 与现状 DEM。

(3) 裁剪后的计划 DEM 与现状 DEM 格网化,为了方便工程量计算,要求格网的规格与地层插值格网一致。

(4) 将计划 DEM 格网与现状 DEM 格网整理为一个工程量计算格网文件,存储每个格网中心点的 x,y 坐标,以及该位置的现状高程与计划高程。

(5) 从派生地质数据库中导入虚拟钻孔数据表(每个虚拟钻孔中存储地层层位信息)。

(6) 按平面坐标相等原则在虚拟钻孔数据表中查找与算量格网中心点对应的虚拟钻孔。

(7) 按照空间逻辑关系,根据虚拟钻孔中的地层层位信息、格网规格计算位于现状高程与计划高程之间的煤、岩、土体积。

(8) 统计工程量。

如图 5-28 所示,外围大格网为可覆盖露天开采境界平面范围(开采境界最小外包矩形 MBR)的地质数据格网,粗线区域为计划剥采区域数据格网。

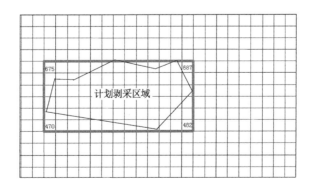

图 5-28　地质格网与地形格网

派生地质数据库中的每个虚拟钻孔,已按空间层位顺序进行了编号,编号包括层界面编号与层编号:

（1）层界面编号。从地表开始，由上到下对各煤、岩层顶、底板界面编号，编号从 0 开始，如图 5-29 所示，图中水平方向的粗体黑线即层界面的剖面线。

（2）层编号。从地表开始，由上到下对各层界面之间的区域编号，该编号称为层编号，层编号从 1 开始，如图 5-29 所示，图中两个相邻层界面之间构成一个层。

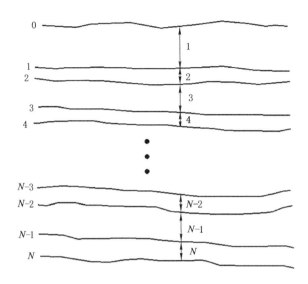

图 5-29　层界面编号与层编号

计算工程量时，各格网中心点位置层位关系判断如图 5-30 所示。图中所示位于虚拟钻孔中心 (x,y) 处，共有 7 个地层界面，从上到下各地层层位高程分别为 $z_0,z_1,\cdots,z_6$，对应境界范围内的 6 个地层，该处现状高程为 z_{max}，计划高程为 z_{min}，根据空间位置关系可计算此虚拟钻孔中心处的分类工程量：

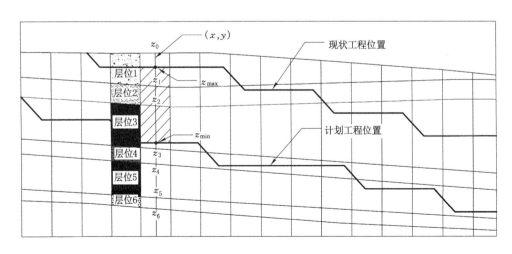

图 5-30　网格与层界面及层之间的关系示意图

（1）$z_1 < z_{max} < z_0$，层位 1 的工程量 $V_{层位1} = (z_{max} - z_1) \cdot S_{单元格}$。

（2）$z_1 < z_{max}$ 且 $z_{min} < z_2$，层位 2 的工程量 $V_{层位\,2} = (z_1 - z_2) \cdot S_{单元格}$。

（3）$z_2 < z_{max}$ 且 $z_{min} > z_3$，层位 3 的工程量 $V_{层位\,3} = (z_2 - z_{min}) \cdot S_{单元格}$。

将剥采范围内所有虚拟钻孔按上述方法分别计算工程量，最后按层位进行累加统计，即可获得该剥采范围内的计划剥采分类工程量。

按照上述方法，以高程范围作为分类工程量统计时的附加条件，即可实现剥采工程量的分类、分水平计算。

5.5.2　基于块体模型的剥采工程量计算

基于块体模型计算剥采工程量的实质是查询位于两个指定层面模型（通常是采场现状 DEM 与计划工程位置 DEM，可将其分别定义为顶面 DEM 与底面 DEM）之间的单元块，并将其体积按矿山岩石属性分别进行累加求和。

查询位于顶、底面 DEM 之前的单元块，一般的方法是对所有单元块进行遍历，逐一判断各单元块中心点是否位于顶、底面 DEM 所包围的空间内。

根据地层层面模型最小外包立方体 MBC（minimum bounding cube），对块体模型进行一级筛选，将中心点位于最小 MBC 内的单元块存储到算量块体子集中，然后对算量块体子集内的单元块采用"三轴排序"算法进行排序。三轴排序算法原理如图 5-31 所示。

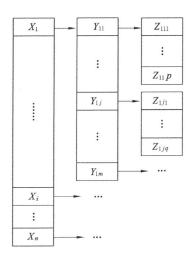

图 5-31　三轴分块排序示意图

三轴排序后所有单元块分别沿 x 轴、y 轴、z 轴方向升序（或降序）排列，相当于将单元块基于中心点平面坐标组合成若干柱体。对于每个柱体，分别基于顶、底面 DEM 插值计算其平面中心点 z 轴坐标 $z_顶$、$z_底$，然后在柱体中采用二分查找算法确定位于顶、底面 DEM 之间的单元块，并按属性分类统计各单元块体积，即完成基于块体模型的剥采工程量分类计算。

5.6 本章小结

① 针对露天煤矿地质模型在数字化开采中的应用需求，提出并实现了一种 TIN 拓扑快速重构算法，该算法基于散列函数附以 AVL 树实现顶点的快速聚合。采用改进的半边数据结构存储 TIN，在顶点聚合的同时，通过为顶点建立入射半边索引表完成重复边的合并，该算法具有近线性时间复杂度，可满足较大数量条件下 TIN 快速拓扑重构需求。

② 提出了一种基于红黑树的 TIN 等值线追踪算法，通过构建以三角片顶点最小属性值为键值的红黑树，实现了起始等值边的快速查找，并根据 TIN 中半边之间的邻接关系完成等值线的追踪与连接。

③ 设计了一种基于空间格网索引与碰撞检测技术的层面模型求交算法，该算法首先通过建立 TIN 三角片空间索引将求交计算限定在映射于同一个空间索引单元内的三角片之间，在此基础上进一步应用基于 AABB 包围盒的碰撞检测方法快速剔除不相交三角形对，减少实际求交计算次数，实现空间复杂地层层面模型的快速、稳定求交计算。针对共面三角形求交计算存在的交线冗余与自相交问题，提出了一种改进的"边-边"求交算法，提高了求交算法的鲁棒性。

④ 基于 TIN 拓扑重构、线段求交、顶点三角网插值、闭合边界线间三角剖分技术，设计了地层层面模型裁剪与局部更新算法。

⑤ 对基于层面模型与块体模型的算量原理进行了研究，并分别设计了基于层面模型与块体模型的剥采计划工程量分类计算方法。

6 露天煤矿数字化开采设计软件系统开发与应用

在对数字化开采模型构建方法与应用技术进行深入研究的基础上,基于 AutoCAD 软件平台,以 Visual C♯.NET 为二次开发工具,设计开发了露天煤矿数字化开采软件系统,并应用于露天煤矿数字化开采设计。

6.1 露天煤矿数字化开采设计软件系统功能架构与实现

6.1.1 系统功能架构

露天煤矿数字化开采软件系统由三维地质建模子系统与模拟开采子系统构成,系统功能架构如图 6-1 所示[105]。

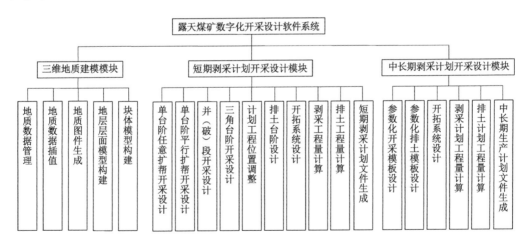

图 6-1 露天煤矿数字化开采软件系统功能架构

6.1.2 系统主要功能实现

三维地质建模模块所包含的功能本书前面章节已有介绍,因此以下主要介绍短期与中长期剥采计划模块功能的实现。

6.1.2.1 短期剥采计划开采设计模块

短期剥采计划开采设计基于采场(排土场)现状三维线框模型、采场(排土场)现状

DEM 模型,以人机交互方式输入开采参数与计划工程位置,生成台阶三维计划线与顶底盘 DEM 模型,计算剥采工程量。

（1）任意扩帮（平行扩帮）开采设计

如图 6-2 所示,任意扩帮开采设计是以人机交互方式输入开采参数（台阶高度、台阶坡面角、计划线高程计算方式等）和计划工程位置,通过三维图形运算,形成计划工程位置三维计划线框模型,然后根据采场现状 DEM 模型,建立任意扩帮开采台阶计划工程位置顶、底盘 DEM 模型用以计算工程量和更新采场现状 DEM 模型。

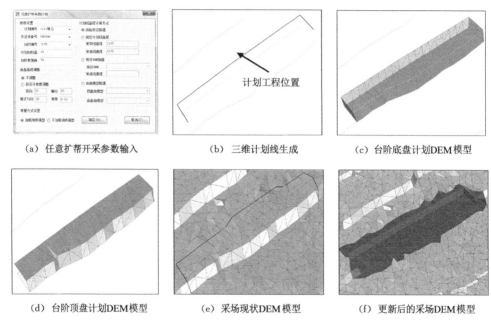

（a）任意扩帮开采参数输入　　（b）三维计划线生成　　（c）台阶底盘计划DEM模型

（d）台阶顶盘计划DEM模型　　（e）采场现状DEM模型　　（f）更新后的采场DEM模型

图 6-2　台阶任意扩帮开采设计

台阶平行扩帮开采设计功能与任意扩帮开采设计类似,所不同的是平行扩帮开采是按给定扩帮宽度对计划采动范围内的台阶现状线进行平行扩帮开采,生成与台阶现状线平行的开采计划线。

（2）并（破）段开采设计

如图 6-3 和图 6-4 所示,并段与破段开采设计通过人机交互界面输入开采参数（并段台阶高度、破段台阶高度、台阶坡面角、计划线高程计算方式等）和并（破）段计划工程位置,通过三维图形运算,形成并（破）段台阶计划工程位置三维线框模型,然后根据采场现状 DEM 模型,建立并（破）段台阶计划工程位置顶、底盘 DEM 模型用以计算工程量和更新采场现状 DEM 模型。

（3）三角台阶开采设计

三角台阶开采设计包括采场开拓运输系统坡道三角台阶开采设计和采场内因地形或地质条件形成的三角台阶的开采设计。其实现步骤与其他台阶开采设计相似,同样以人机交互方式输入开采参数（台阶高度、台阶坡面角、三角台阶坡底计划线渐变坡度等）

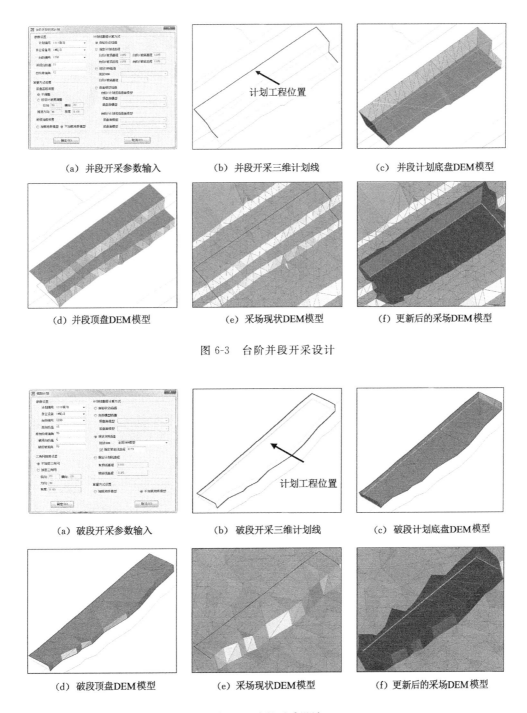

（a）并段开采参数输入　　（b）并段开采三维计划线　　（c）并段计划底盘DEM模型

（d）并段顶盘DEM模型　　（e）采场现状DEM模型　　（f）更新后的采场DEM模型

图 6-3　台阶并段开采设计

（a）破段开采参数输入　　（b）破段开采三维计划线　　（c）破段计划底盘DEM模型

（d）破段顶盘DEM模型　　（e）采场现状DEM模型　　（f）更新后的采场DEM模型

图 6-4　破段开采设计

和计划工程位置，然后通过三维图形运算形成三角台阶计划工程位置三维线框模型，并根据采场现状 DEM 模型，建立三角台阶计划工程位置顶、底盘 DEM 模型用于工程量计算与更新采场现状 DEM 模型（图 6-5）。

（4）排土台阶设计

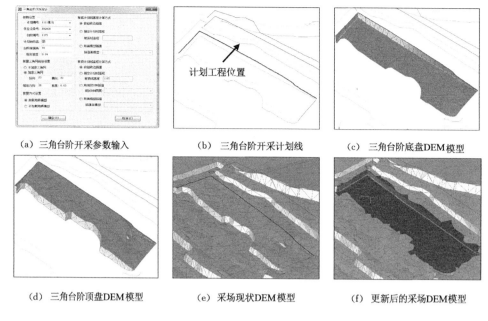

（a）三角台阶开采参数输入　　　（b）三角台阶开采计划线　　　（c）三角台阶底盘DEM模型

（d）三角台阶顶盘DEM模型　　　（e）采场现状DEM模型　　　（f）更新后的采场DEM模型

图 6-5　三角台阶开采设计

　　排土场常规排土台阶设计与采场台阶开采设计类似，所不同的是，有时排土场需要根据覆土厚度、覆土高程等进行设计。图 6-6 为根据覆土厚度设计的排土台阶，图 6-7 是在任意地形基础上进行排土设计，排土台阶计划坡底线是应用本书设计的 TIN 求交算法计算得到的，从图中可以看出计划线能够与地形的起伏变化完全吻合，具有较高的设计和计算精度。

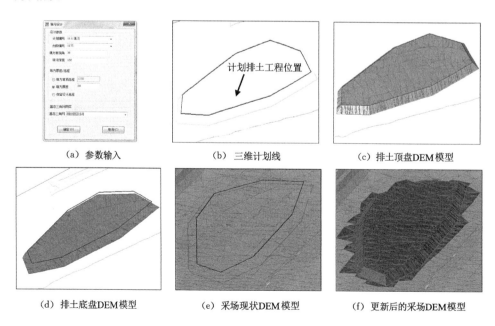

（a）参数输入　　　（b）三维计划线　　　（c）排土顶盘DEM模型

（d）排土底盘DEM模型　　　（e）采场现状DEM模型　　　（f）更新后的采场DEM模型

图 6-6　排土场给定厚度覆土设计

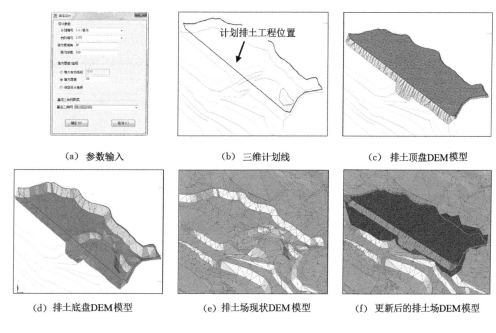

（a）参数输入　　　　　（b）三维计划线　　　　　（c）排土顶盘DEM模型

（d）排土底盘DEM模型　　（e）排土场现状DEM模型　　（f）更新后的排土场DEM模型

图 6-7　任意地形排土设计

（5）开拓系统设计

露天煤矿开拓系统设计实现了单台阶坡道设计与复杂地形坡道设计功能。

① 单台阶坡道设计。单台阶坡道设计根据输入的计划坡道位置，基于现状 DEM 模型、设计坡度、三维台阶现状线计算生成三维坡道计划线，构建坡道计划 DEM 模型，计算坡道工程量，如图 6-8 所示。

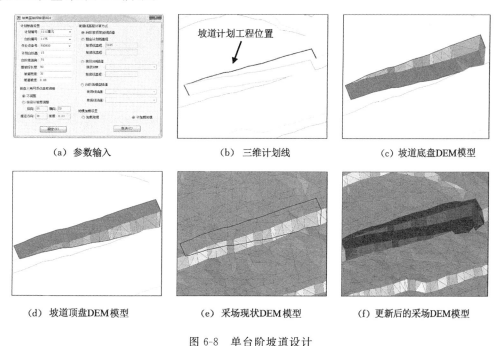

（a）参数输入　　　　　（b）三维计划线　　　　　（c）坡道底盘DEM模型

（d）坡道顶盘DEM模型　　（e）采场现状DEM模型　　（f）更新后的采场DEM模型

图 6-8　单台阶坡道设计

② 复杂地形坡道设计。复杂地形时,给定坡道中心线位置、坡道坡度、坡道宽度等基本设计参数,基于地形 DEM 模型、设计坡度、三维台阶现状线,应用本书的 TIN 求交算法、约束边优先的 CDT 三角剖分算法生成三维坡道计划线,构建坡道 DEM 模型,并基于填挖方工程量计算方法计算坡道工程量。

如图 6-9 所示,图 6-9(c)为坡道局部 DEM 模型,可见形成此坡道既有填方又有挖方,计算此坡道工程量为:填方量 $V_1 = 304\,954.66\ \text{m}^3$,挖方量 $V_2 = 466\,713.80\ \text{m}^3$。

（a）参数输入

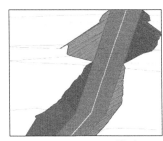
（b）三维计划线

（c）坡道局部DEM模型

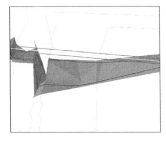
（d）参与算量的部分现状DEM模型

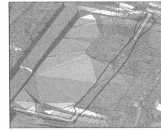
（e）采场现状DEM模型

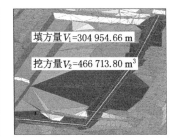
（f）更新后的采场DEM模型

图 6-9　复杂地形坡道设计

6.1.2.2　中长期剥采计划开采设计模块

（1）参数化开采模板设计

中长期计划参数化开采模板是根据露天煤矿开采境界、台阶工作线长度、台阶高度、台阶坡面角、平盘宽度等参数生成的反映露天矿山工程发展状态和几何约束关系的计划工程位置,基于此工程位置三维线框模型,应用本书所述约束边优先的 CDT 三角剖分算法,构建中长期计划工程位置 DEM 模型(图 6-10)。

（2）参数化排土模板设计

参数化排土模板设计与参数化开采模板设计的功能类似,是按照排土台阶工作线长度、排土台阶高度、排土台阶坡面角以及平盘宽度设计形成的反映露天矿排土工程发展状态和几何约束关系的计划工程位置,基于此工程位置的三维线框模型可生成排土模板DEM 模型(图 6-11)。

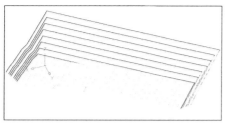
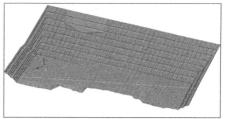

（a）开采模板三维线框模型　　　　　　　　（b）开采模板DEM模型

图 6-10　开采模板设计

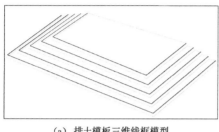

（a）排土模板三维线框模型　　　　　　　　（b）排土模板DEM模型

图 6-11　排土模板设计

6.2　露天煤矿数字化开采设计软件系统应用

6.2.1　月计划开采设计

应用本书露天煤矿数字化开采软件，进行某露天矿月计划开采设计（图 6-12）。

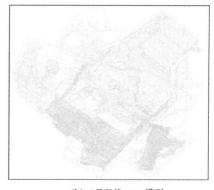

（a）8月现状　　　　　　　　　　　（b）8月现状DEM模型

图 6-12　月计划开采设计

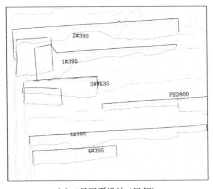
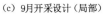
(c) 9月开采设计（局部）

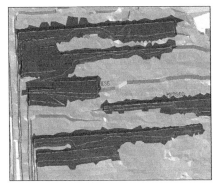
(d) 8月现状DEM模型更新后（局部）

图 6-12（续）

表 6-1 为月计划各水平分岩性工程量表。

表 6-1　月计划各水平分岩性工程量表

台阶	土/万 m³	岩/万 m³	原煤/万 t
1 250 m	30	0	0
1 240 m	30	0	0
1 230 m	40	0	0
1 215 m	55	55	0
1 200 m	0	130	0
1 185 m	0	125	0
1 170 m	0	75	0
1 155 m	0	35	0
1 140 m	0	20	0
抛掷爆破台阶	0	305	0
6上	0	0	102
6中	0	0	132
6下	0	0	37

6.2.2　年度计划开采设计

应用笔者开发的露天煤矿数字化开采软件，进行某露天矿年度计划开采设计。图 6-13（a）是该矿采场现状三维线框模型。图 6-13（b）为基于采场现状三维线框模型应用本书所述约束边优先的 CDT 三角剖分算法生成的 DEM 模型。图 6-13(c)为采用本书 TIN 求交算法计算开采模板 DEM 模型与采场现状 DEM 模型交线后,以交线裁剪后的开采模板为三维线框模型。图 6-13(d)为将裁剪后的开采模板与采场现状集成后的三维线框模型。图 6-13(e)为以现状 DEM 模型为表面约束下的该矿的块体模型。图 6-13(f)是在图 6-13(e)所示块体模型基础上叠加年度计划 DEM 模型表面约束后生成的位于两期DEM 模型表面约束之间的块体模型,该部分块体模型可直接用以计算开采计划工程量,表 6-2 为年度开采计划工程量计算结果。

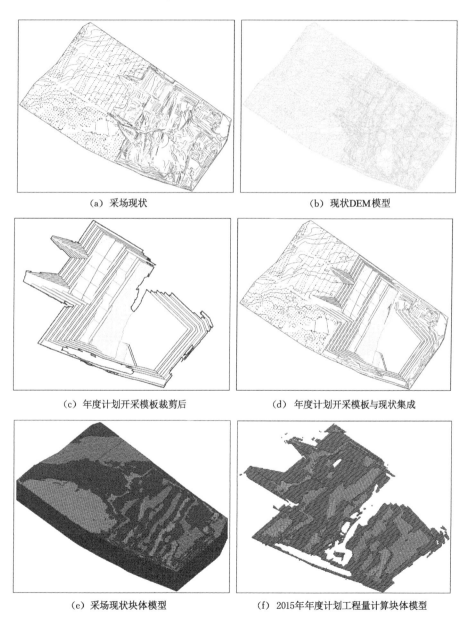

(a) 采场现状

(b) 现状DEM模型

(c) 年度计划开采模板裁剪后

(d) 年度计划开采模板与现状集成

(e) 采场现状块体模型

(f) 2015年年度计划工程量计算块体模型

图 6-13　年度计划开采设计

表 6-2　年度开采计划工程量表

台阶标高/m	计划采煤量/万 t		计划剥离量/万 m³	合计	
	2#煤	3-1-1#煤		计划采煤量/万 t	计划剥离量/万 m³
1 027	0	0	14.890 7		14.890 7
1 013.5	10.139 7	0	620.809 1	10.139 7	620.809 1
1 000	101.618 5	0	1183.644 3	101.618 5	1183.644 3
986.5	24.515 3	0	1027.172 8	24.515 3	1027.172 8
973	0	77.863 3	1 113.703 0	77.863 3	1 113.703 0
959.5	83.890 3	72.089 8	1079.305 8	155.980 1	1 079.305 8
946	324.439 0	67.702 1	584.245 7	392.141 1	584.245 7
932.5	182.246 5	59.046 2	218.368 0	241.292 7	218.368 0
919	7.067 2	49.714 1	38.923 0	56.781 3	38.923 0
合计	733.916 5	326.415 5	5 881.062 4	1 060.332	5 881.062 4

6.3　本章小结

(1) 对露天煤矿数字化开采设计软件系统进行了功能架构设计,基于 AutoCAD 软件平台,以 Visual C♯. NET 为二次开发工具,开发了露天煤矿数字化开采软件系统,并结合实例详细介绍了软件系统主要功能的实现。

(2) 应用开发的露天煤矿数字化开采设计软件系统进行了露天煤矿月计划与年度计划开采设计。

参 考 文 献

［1］王青，吴惠城，牛京考. 数字矿山的功能内涵及系统构成［J］. 中国矿业，2004，13(1)：7-10.

［2］吴立新. 数字地球、数字中国与数字矿区［J］. 矿山测量，2000(1)：6-9.

［3］吴立新，殷作如，邓智毅，等. 论 21 世纪的矿山：数字矿山［J］. 煤炭学报，2000，25(4)：337-342.

［4］僧德文，李仲学，张顺堂，等. 数字矿山系统框架与关键技术研究［J］. 金属矿山，2005(12)：47-50.

［5］国家发展和改革委员会. 煤炭工业发展"十二五"规划［EB/OL］(2012-03-22)［2012-04-10］. http://www. gov. cn/zwgk/ 2012-03/22/ content_2097451. htm.

［6］孙效玉，姚常明，高登来，等. 数字矿山建设是解决露天煤矿信息化应用深层次问题的有效途径［J］. 科技导报，2004 (6)：45-47.

［7］JEAN B. Three-dimensional numerical simulations of crustal-scale wrenching using a non-linear failure criterion［J］. Journal of structural geology，1994，16(8)：1173-1186.

［8］程朋根. 地矿三维空间数据模型及相关算法研究［D］. 武汉：武汉大学，2005.

［9］李清泉，杨必胜，史文中，等. 三维空间数据的实时获取、建模与可视化［M］. 武汉：武汉大学出版社，2003.

［10］吴立新，史文中. 地理信息系统原理与算法［M］. 北京：科学出版社，2003.

［11］赵树贤. 煤矿床可视化构模技术［D］. 北京：中国矿业大学(北京)，1999.

［12］程朋根，文红. 三维空间数据建模及算法［M］. 北京：国防工业出版社，2011.

［13］吴立新，史文中，CHRISTOPHER G. 3D GIS 与 3D GMS 中的空间构模技术［J］. 地理与地理信息科学，2003，19(1)：5-11.

［14］LI R X. Data structures and application issues in 3-d geographic information systems［J］. Geomatica，1994，48(3)：209-224.

［15］GARGANTINI I. Linear octtrees for fast processing of three-dimensional objects［J］. Computer graphics and image processing，1982，20(4)：365-374.

［16］GARGANTINI I，WALSH T R，WU O L. Viewing transformations of voxel-based objects via linear octrees［J］. IEEE computer graphics and applications，1986，6(10)：12-21.

［17］李清泉，李德仁. 八叉树的三维行程编码［J］. 武汉测绘科技大学学报，1997，22(2)：102-106.

[18] 韩国建,郭达志,金学林.矿体信息的八叉树存储和检索技术[J].测绘学报,1992,21(1):13-17.

[19] JOE B. Construction of three-dimensional Delaunay triangulations using local transformations[J]. Computer aided geometric design,1991,8(2):123-142.

[20] SHI W Z. Development of a hybrid model for three-dimensional GIS[J]. Geo-Spatial information science,2000,3(2):6-12.

[21] 惠勒 A J,斯托克斯 P C.块段模型和线框模型在地下采矿中的应用[J].国外金属矿山,1989(2):98-101.

[22] 杨必胜.城市三维地理信息系统的建模研究[D].武汉:武汉大学,2002.

[23] 王润怀.矿山地质对象三维数据模型研究[D].成都:西南交通大学,2007.

[24] 杨孟达.煤矿地质学[M].北京:煤炭工业出版社,2000.

[25] 曾新平.地质体三维可视化建模系统 GeoModel 的总体设计与实现技术[D].北京:中国地质大学(北京),2005.

[26] 赵鹏大.定量地学方法及应用[M].北京:高等教育出版社,2004.

[27] 郑阿奇.MySQL 教程[M].北京:清华大学出版社,2015.

[28] 李翠平,李仲学,胡乃联.面向地矿工程体视化的三种空间插值方法之对比分析[J].中国矿业,2003,12(10):57-59.

[29] 张锦明.DEM 插值算法适应性研究[D].郑州:解放军信息工程大学,2012.

[30] 李志林,朱庆.数字高程模型[M].武汉:武汉测绘科技大学出版社,2000.

[31] DECLERCQ F A N. Interpolation methods for scattered sample data:accuracy, spatial patterns,processing time[J]. Cartography and geographic information systems,1996,23(3):128-144.

[32] JONES K H. A comparison of algorithms used to compute hill slope as a property of the DEM[J]. Computers & geosciences,1998,24(4):315-323.

[33] 何珍文.地质空间三维动态建模关键技术研究[D].武汉:华中科技大学,2008.

[34] 王金玲,张东明.空间数据插值算法比较分析[J].矿山测量,2010(2):55-57.

[35] 陈欢欢,李星,丁文秀.Surfer 8.0 等值线绘制中的十二种插值方法[J].工程地球物理学报,2007,4(1):52-57.

[36] 吕进国.煤矿床数字化建模插值方法及其应用研究[D].阜新:辽宁工程技术大学,2009.

[37] 王仁铎,胡光道.线性地质统计学[M].北京:地质出版社,1988.

[38] 乔金海,潘懋,金毅,等.基于 Kriging 方法的天然地基承载力三维模拟及分析[J].北京大学学报(自然科学版),2011,47(5):812-818.

[39] 曹俊茹,刘强,姚吉利,等.基于 Kriging 插值 DEM 的计算土方量方法的研究[J].测绘科学,2011,36(3):98-99.

[40] 白润才,郭嗣琮,宋子岭,等.矿床地质模型的神经网络方法[J].煤炭学报,2000,25(3):234-237.

[41] 张治国.人工神经网络及其在地学中的应用研究[D].长春:吉林大学,2006.

[42] 史峰,王辉,郁磊.MATLAB 智能算法 30 个案例分析[M].2 版.北京:北京航空航天大学出版社,2015.

[43] 曾建潮,介婧,崔志华.微粒群算法[M].北京:科学出版社,2004.

[44] 史忠植.神经网络[M].北京:高等教育出版社,2009.

[45] MHASKAR H N,MICCHELLI C A. Approximation by superposition of sigmoidal and radial basis functions[J]. Advances in applied mathematics,1992,13(3):350-373.

[46] 柴杰,江青茵,曹志凯.RBF 神经网络的函数逼近能力及其算法[J].模式识别与人工智能,2002,15(3):310-316.

[47] 张林.基础地质数据管理与三维地质模型构建方法研究[D].西安:西安科技大学,2007.

[48] MARK DE BERG,et al. 计算几何:算法与应用[M].邓俊辉,译.北京:清华大学出版社,2005.

[49] 李志林,朱庆.数字高程模型[M].2 版.武汉:武汉大学出版社,2003.

[50] 汤国安,刘学军,闾国年.数字高程模型及地学分析的原理与方法[M].北京:科学出版社,2005.

[51] 刘勇奎,云健,王晓强,等.沿三维直线的非单位体素遍历的多步整数算法[J].计算机辅助设计与图形学学报,2006,18(6):812-818.

[52] 陈学工,马金金,黄伟,等.一种基于最小搜索圆平面多边形域约束 Delaunay 三角剖分算法[J].小型微型计算机系统,2011,32(2):374-378.

[53] 周晓云,刘慎权.实现约束 Delaunay 三角剖分的健壮算法[J].计算机学报,1996,19(8):615-624.

[54] WARE J M. A procedure for automatically correcting invalid flat triangles occurring in triangulated contour data[J]. Computers & geosciences,1998,24(2):141-150.

[55] 陈学工,黄晶晶.基于等高线建立的 TIN 中平坦区域的修正算法[J].计算机应用,2007,27(7):1644-1646.

[56] 解愉嘉,刘学军,胡加佩.无平三角形处理的等高线数据三角化方法[J].南京师大学报(自然科学版),2012,35(4):106-111.

[57] 唐诗佳,彭恩生,孙振家,等.断裂构造三维模型研究评述[J].地质科技情报,1999,18(2):23-26

[58] 任娜.基于八叉树的复杂矿体块体模型构建方法研究[D].武汉:中国地质大学,2012.

[59] 张宜生,崔树标,梁书云.STL 面片邻接拓扑关系重构及其应用[J].计算机应用与软件,2001,18(3):47-50.

[60] 崔树标,张宜生,梁书云,等.STL 面片中冗余顶点的快速滤除算法及其应用[J].中

国机械工程,2001,12(2):173-175.

[61] 刘金义,侯宝明.STL格式实体的快速拓扑重建[J].工程图学学报,2003,24(4):34-39.

[62] 戴宁,廖文和,陈春美.STL数据快速拓扑重建关键算法[J].计算机辅助设计与图形学学报,2005,17(11):2447-2452.

[63] 张必强,邢渊,阮雪榆.面向网格简化的STL拓扑信息快速重建算法[J].上海交通大学学报,2004,38(1):39-42.

[64] 安涛,戴宁,廖文和,等.基于红黑树的STL数据快速拓扑重建算法[J].机械科学与技术,2008,27(8):1031-1034.

[65] 王勇,潘懋.一种基于散列函数的三角面片拓扑快速建立算法[J].计算机工程与应用,2001,37(17):15-16,31.

[66] 成学文,李德群,周华民,等.基于哈希表的STL面片冗余顶点快速滤除算法[J].华中科技大学学报(自然科学版),2004,32(6):69-71.

[67] 赵歆波,张定华,熊光彩,等.基于散列的STL拓扑信息重建方法[J].机械科学与技术,2002,21(5):827-828,832.

[68] 潘胜玲,刘学军,黄雄,等.基于Hash函数的TIN拓扑关系重建[J].地理与地理信息科学,2006,22(2):21-24,29.

[69] 严蔚敏,吴伟民.数据结构(C语言版)[M].北京:清华大学出版社,1996.

[70] HRÁDEK J,KUCHA R M,SKALA V. Hash functions and triangular mesh reconstruction[J]. Computers & geosciences,2003,29(6):741-751.

[71] 王家耀.空间信息系统原理[M].北京:科学出版社,2001.

[72] BAUMGART B G. A polyhedron representation for computer vision[C]. New York:ACM Press,1975:589-596.

[73] GUIBAS L,STOLFI J. Primitives for the manipulation of general subdivisions and the computation of Voronoi[J]. ACM transactions on graphics,1985,4(2):74-123.

[74] EASTMAN C,WEILER K. Geometric modeling using the Euler operators[C]//Computer Graphics in CAD/ CAM Systems. [S. l:s. n.],1979:248-259.

[75] 王永会,周磊.基于半边数据结构的逐点插入Delaunay三角剖分算法[J].沈阳建筑大学学报(自然科学版),2008,24(6):1103-1108.

[76] WEILER K. Edge-based data structures for solid modeling in curved-surface environments[J]. IEEE computer graphics and applications,1985,5(1):21-40.

[77] 陈学工,付金华,马金金,等.约束TIN生成带断层等值线图的方法[J].计算机工程与应用,2011,47(33):198-201.

[78] 李利军,袁尤军,王乘.一种基于不规则三角网TIN的等值线计算方法[J].计算机与数字工程,2007,35(9):34-36.

[79] 胡金虎.基于不规则三角网的高精度等值线生成方法[J].工程勘察,2011,39(2):64-68.

［80］张梅华,梁文康.一个三角形网格上等值线图的绘制算法［J］.计算机辅助设计与图形学学报,1997,9(3):213-217.

［81］徐道柱,刘海砚.一种基于约束边 Delaunay 三角网的等高线内插方法［C］//第十二届全国图象图形学学术会议论文集.北京:清华大学出版社,2005:505-508.

［82］汤子东,郑明玺,王思群,等.一种基于三角网的等值线自动填充算法［J］.中国图象图形学报,2009,14(12):2577-2581.

［83］李强,李超,甘建红.基于三角网的等值线填充算法研究［J］.计算机工程与应用,2013,49(5):185-189.

［84］VAN KREVELD M. Efficient methods for Isoline extraction from a TIN［J］. International journal of geographical information systems,1996,10(5):523-540.

［85］BERG M D,CHEONG O,KREVELD M V,等.计算几何—算法与应用［M］.邓俊辉,译.北京:清华大学出版社,2009.

［86］左飞.C++数据结构原理与经典问题求解［M］.北京:电子工业出版社,2008.

［87］尹长林,喻定权.一种基于拓扑搜索的三角网求交算法［J］.计算机工程与应用,2006,42(36):209-211.

［88］蒋钱平,唐杰,袁春风.基于平均单元格的三角网格曲面快速求交算法［J］.计算机工程,2008,34(21):172-174.

［89］张少丽,王毅刚,陈小雕.基于空间分解的三角网格模型求交方法［J］.计算机应用,2009,29(10):2671-2673.

［90］陈学工,马金金,邱华,等.三维网格模型的稳定布尔运算算法［J］.计算机应用,2011,31(5):1198-1201.

［91］邬伦,刘瑜,张晶,等.地理信息系统:原理、方法和应用［M］.北京:科学出版社,2001.

［92］马登武,叶文,李瑛.基于包围盒的碰撞检测算法综述［J］.系统仿真学报,2006,18(4):1058-1061.

［93］BERGEN G V D. Efficient collision detection of complex deformable models using AABB trees［J］. Journal of graphics tools,1997,2(4):1-13.

［94］HUBBARD P M. Collision detection for interactive graphics applications［J］. IEEE transactions on visualization and computer graphics,1995,1(3):218-230.

［95］GOTTSCHALK S,LIN M C,MANOCHA D OBBTREE. A hierarchical structure for rapid interference detection［C］//Proceedings of the 23rd Annual Conference on Computer Graphics and Interactive Techniques. New York:ACM,1996:171-180.

［96］ZACHMANN G. Rapid collision detection by dynamically aligned DOP-trees［C］//Proceedings of the Virtual Reality Annual International Symposium. Washington,DC:IEEE,1998:90-97.

［97］KLOSOWSKI J T,HELD M,MITCHELL J S B,et al. Efficient collision detection using bounding volume hierarchies of k-DOPs［J］. IEEE transactions on visualization and computer graphics,1998,4(1):21-36.

[98] 魏迎梅,王涌,吴泉源,等.碰撞检测中的层次包围盒方法[J].计算机应用,2000,20 (增刊):241-244.

[99] ERICSON CHRISTER. Real-time collision detection[M]. San Francisco:Elsevier/ Morgan Kaufmann Publis- hers,2005.

[100] 初剑,魏志强,孟祥宾,等. 基于 Delaunay 三角剖分的曲面求交技术[J].系统仿真 学报,2009,21(增刊 1):155-158.

[101] MÖLLER T. A fast triangle-triangle intersection test[J]. Journal of graphics tools,1997,2(2):25-30.

[102] SCHNEIDER P J, EBERLY D H.计算机图形学几何工具算法详解[M].周长发, 译.北京:电子工业出版社,2005.

[103] 王红娟,张杏莉,卢新明.布尔运算算法研究及其在地质体建模中的应用[J].计算 机应用研究,2010,27(10):3844-3846.

[104] 肖汉金.露天矿 GPS 验收测量与采场三维建模方法研究[D].阜新:辽宁工程技术 大学,2009.

[105] 神华和利时信息技术有限公司,辽宁工程技术大学,北京北卫新图数字科技有限公 司.准格尔露天煤矿剥采排与土地复垦综合预控技术研究[R].鄂尔多斯:神华准 格尔能源有限责任公司,2011.